U0334661

河 洛 著

蓝色文明

地球生态与人类

当代中国出版社
Contemporary China Publishing House

图书在版编目(CIP)数据

蓝色文明 : 地球生态与人类 / 河洛著. -- 北京 : 当代中国出版社, 2024.4

ISBN 978-7-5154-1362-4

Ⅰ. ①蓝… Ⅱ. ①河… Ⅲ. ①生态环境保护—研究 Ⅳ. ①X171.4

中国国家版本馆 CIP 数据核字(2024)第 068999 号

出 版 人 王 茵
责任编辑 刘文科 刘 照
责任校对 贾云华 康 莹
印刷监制 刘艳平
封面设计 鲁 娟
出版发行 当代中国出版社
地 址 北京市地安门西大街旌勇里 8 号
网 址 http://www.ddzg.net
邮政编码 100009
编 辑 部 (010)66572744
市 场 部 (010)66572281 66572157
印 刷 中国电影出版社印刷厂
开 本 710 毫米×1000 毫米 1/16
印 张 18.25 印张 2 插页 226 千字
版 次 2024 年 4 月第 1 版
印 次 2024 年 4 月第 1 次印刷
定 价 78.00 元

目录

引言

2017年10月，我的环境问题专著《零污染之路》出版，提出了“零污染”的命题。我期待探索一条环境治理新思路，对困扰人类难题之一的污染问题给出不同解决方案。“零污染”不仅是全人类的共同期盼，也是当前人类科学技术和经济能力均可达到的。为此提出“污染没有国界，污染不分族类，‘零污染’是符合人类共同利益的理念，全世界每个国家，每个民族，每个家庭与个人，都有义务消除污染，分担‘零污染’的责任”，以期得到广泛共识。之后在探索零污染各个领域时，发现污染并不是一个单纯的环境问题，而是由于文明观念的错位导致人类心灵被污染了！环境污染问题只是心灵污染外化表现之一。要彻底清除环境污染，还需从修正人类文明观念入手。

现代社会与污染并存，除了环境，困扰人类的另一个问题就是战争。漫长的史前文明阶段，人类不得不选择暴力以求生存与繁衍，从动物界丛林规则中艰难突围，登上了地球食物链顶端。进入农耕社会，由于人口压力加大，争斗方向已经从动物界转向人类社会，一部分人为争夺土地、牧场以及奴隶而发动战争，战争目的由求生转为利益争夺。近代，战争搭上了工业革命的快车，消耗了巨大社会资源，成为利益、权力与意识形态之争。从利益之争起，战争就失去了积极意义，成为人类内耗、自我毁灭的工具。

有研究表明，一旦核战争全面开启，数小时内人类社会的一切将被清零。为了不触碰核战争红线，人类又在研究打击更精确的常规武器。然而当常规武器威力接近于核武器时，又会出现同样的战争红线。届时会用更高的科技研究更先进的替代武器。如此往复，许多最新科学技术不是用于造福人类，而是用于利益之争，用于制造杀戮破坏的高性能武器。人类会陷入战争怪圈不能自拔，其动因就是被利益驱使的征服欲望。如果说污染是人类追求利益时放任行为引起的灾难，那么战争就是人类追求利益时主动行为造成的灾难了；而如今这两种灾难都在反噬人类，威胁着人类社会和地球生态安全。

透过扑朔迷离的国际纷争，我们看到了当前世界有人放任污染蔓延，手握治污的能力却将它用于争夺利益的战争。如果跳出人类圈子去思考，就会发现是人类的贪婪欲望迷失了自我；是人类建立在利益基础之上的数千年文明观蒙蔽了心智。

人类赖以生存的地球母亲，数十亿年以蓝色面目存在于宇宙之中，覆盖地球的水和空气，在阳光助力下，孕育了地球生态系统。蓝色是地球生命之源，也是地球生态图腾。人类作为地球母亲最值得骄傲的孩子，依靠自己能力从动物界脱颖而出，然而却没有摆脱动物本性，迷失于战争和污染怪圈之中，非但没有善待自己的同类，也没有善待自己的地球母亲。战争与污染，就像从潘多拉魔盒放飞的妖魔，将地球母亲破坏得面目全非。而打开魔盒的，正是被利益和贪婪驱使的人类。

是时候全面检讨自己的文明观了，人类应从共同利益和保护地球生态为出发点去考虑问题，放弃狭隘利益观，建立蓝色文明观，即以维护地球蓝色生态为图腾的文明观。人类应基于这一健康的、不仅从人类整体利益出发还从地球生态共同兴旺出发的蓝色文明观，进而建设一个全新的、与地球生态友好、人类和谐发展的文明形态，我们称之为蓝色文明。

本书的书名“蓝色文明：地球生态与人类”，就是基于上述理念并以此为出发点。如果可以彻底消除人类的战争，彻底消除与现代工业相伴而生的污染，进而建立起一个回归蓝色生态的、全新的文明世界，那么这不仅是人类历史的一大进步，也是人类思想史的一大改观。没有战争、没有污染的蓝色文明，是人类社会继农业文明、工业文明之后的又一个更符合地球生态与人类的文明形态。

第一章

蓝色之痛

1961年4月12日，苏联宇航员尤里·加加林成为第一位太空人，当他从宇宙间望向地球，发现被蓝色覆盖的地球是那么绚丽。蓝色并不是太空的颜色，而是地球本来面目。人们看到的蓝色天空，是包围地球的气体的颜色；人们看到的蓝色地球，是占地球主体的海洋的颜色，而两者都因散射了蓝色光线而在我们眼中成了蓝色。加加林恰好是第一位见证者。

100亿年前宇宙大爆炸，造就了一个混沌世界。数亿年尘埃落定，众多恒星和行星散布在无垠宇宙之中，形成无数星系。在宇宙一角的太阳系之中，有一颗蓝色行星，色彩独特、与众不同，这就是我们的地球家园。地球色彩在人类已知宇宙中的星球里独一无二。水和空气，以及阳光和温度，恰到好处地为生命孕育和繁衍提供了条件和空间。绿色是地球植物最多见的色彩，覆盖了大部分陆地。植物养育了动物，动物呼吸、排泄物甚至其本身又在微生物的作用下形成了植物营养来源。这种生命循环体系，构成了地球生态系统，成就了生命和物种的神话。

所有生物，包括动物、植物和微生物，都在地球“蓝色面纱”庇护下维持着生态平衡，包括种类、数量，生活空间以及所处位置，各得其所。自然界风霜雨雪、水火风灾、地震海啸，以及植物间阳光水分争夺，动物间弱肉强食，非但没有打破地球生态平衡，反而通过自然选择，促使地球生物多样化。这种平衡状态一直持续到进化出人类才开始改变。

图 1－1　［西班牙］毕加索

第一节　人类崛起

一、人类起源

人类究竟是怎么来的?《圣经》记载是上帝在六天创造世界中，依据自己的样子用泥土创造出世界上第一个男人亚当，之后又用亚当的肋骨创造了女人夏娃，上帝将他们放置在自己的杰作伊甸园中，也许上帝并不希望他们的智慧也像自己，因此告知他们不可食用树上的果子。由于多事的蛇告了秘，食用了禁果的亚当和夏娃变得聪明起来。上帝一怒之下把亚当和夏娃赶出了伊甸园，而自作聪明的蛇被罚永远在地上匍匐前行。被赶出伊甸园的亚当和夏娃子女无数，他们的后代也越来越多，逐渐普布整个大地，并随之邪恶丛生，违背了上帝造人之本意，于是上帝又动用洪水剿灭人类，只留下一叶扁舟上少数忠实信徒以及他们携带的动植物种系。因此，基督教认为现代世界人类等所有生命都是从诺亚方舟繁衍下来的。除此以外，历史上还有众多神仙造人传说，例如，中国古代神话中有女娲甩泥造人；古埃及神话中则是鹰头人太阳神造了人；而在古希腊神话中冥后佰尔赛福涅用黏土创造了人，并由宙斯赋予其灵魂。但以上传说的影响均不及《圣经》之广。

当然，这些都是神话传说。但是这些神话传说，后来却成为君权神授思想的“依据”。直到欧洲文艺复兴，其权威性才受到质疑。

1859 年，英国生物学家达尔文发表了《物种起源》，此后人们普遍接受了进化论思想，从小学课堂到大学讲堂，人们都在用进化论解释人类起源，但仍有一部分人坚信上帝造人。

遵循进化论思路，人类是由动物进化而来的，那么动物又是从哪里来的？进一步探究，又会是一个长长的故事。我们不妨长话短说，就从人类脱离动物生活轨道开始。

二、脱离了动物界

与地球生命出现了 30 亿— 40 亿年相比，人类历史短暂犹如一瞬间。大约在 50 万—200 万年前，人类还只是地球众多动物的一员，与大型食肉或食草动物相比，是处于弱小、边缘化的角色。恶劣的生存环境、匮乏的食物，迫使人类（或许此时还不能称其为人类）成为杂食动物，他们没有能力猎杀大型动物，生存只能靠采集植物、捕捉昆虫和小动物。然而，由于人类逐渐可以直立行走，学会了打制石器和灵活用手，因此从食肉动物吃剩骨头中敲取骨髓，成为人类专利。但此时的人类同时也是大型食肉动物的猎杀对象。直到大约 30 万—50 万年前，人类学会了用火，开始使用简单语言交流，从而跃升到食物链高端。因为语言可以集合群体力量，火可以使人的能力无限放大。一个弱小的女人，可以烧毁整座森林，一旦火灾引发，任何猛兽都没能力阻止，甚至会变成烤肉。一群通过语言联合的看似弱小的人类，虽然还在使用最简单的捕猎工具，但通过语言完成分工协作，可以有计划、有组织地进行捕猎，例如，设置陷阱、偷袭、围捕，或用火攻击，从而杀伤力大增，捕猎效率提高，任何高大凶猛野兽都有可能被其杀死或者打败。

火的另一个作用就是使人类告别了茹毛饮血的生活，动物骨肉脏器、植物根茎叶果，用火加工后，不仅美味且更容易消化吸收；火的高温杀死了寄生虫和细菌，使人类患病率降低、寿命增加，人类繁衍速度也大大提升。

大约 7 万—15 万年前，人类足迹遍布了南极洲外各大洲，世界的许多巨兽也同期灭绝，虽然不能证实是人类所为，但人类是有能力杀死这些庞然大物的。此时除了虎狼狮豹这些大而敏捷的食肉动物，人类在整体上已经所向无敌了。人类凭借火和语言，汇聚了集体力量，登上了地球食物链顶端。然而人类并没有满足，其目标指向了其他人类分支，从而开始了人类“净化”。

三、人类“净化”

大约 7 万年前，一支人类族群从东非前往欧亚大陆，当时欧洲大陆的尼安特人，外形高大且体重是非洲智人近两倍重；亚洲东北部生活着丹尼索瓦人，印度尼西亚生活着矮小的梭罗人。由于智人进化略快于其他人类种群，最终结果是智人生存下来，成为我们的先祖，另外的人类种群被“净化”出局。虽然不能肯定是被我们的先祖所灭，但先祖们显然在组织能力、生产能力和战斗力方面均占绝对优势。

四、从部族到国家

大约1万年前，农牧业兴起，促进了人类繁育。人口增长了，就需要更多耕地和牧场，于是人类为争夺资源和生存空间的另一场“净化”开始了，这就是人类族群、部落之间的战争。战争需要更多人的沟通和参与，于是发达的语言和初成的文字派上了用场，成为动员、指挥的必要工具。大规模战争和复杂武器使用，促使人类用更多时间去谋略、沟通，因而也促进了大脑进化和语言文字发展。

借助发达的语言文字，加之生产工具和武器的改进，加剧了战争规模和兼并速度。部族为了不出局，不得不结成更为稳固的同盟，于是出现了国家的雏形，部族内部围绕着同盟领袖，出现了分工。领袖们为了动员更多人参加，部族出现了祭祀和图腾，并将不能理解的自然现象解释为神灵活动。部族内通过神灵祭祀和乞求神灵护佑，将部族成员思想、行动统一起来，更利于发挥集体力量进行自卫或者侵略。部族同盟逐步过渡到国家，领袖被尊为国王。最初领袖通过推举最有能力的人担任，这里的能力包括超群体力和智慧，否则领袖及其国家就很容易会被消灭。之后随着逐步国家化，作为王的领袖更需要智慧而不是体力，担当此任的王须是智者，同时具有需要能够凝聚人心的道德力量。之后领袖发展成治理团体，建立起国家机器。随着国家机器发达和完善，决策者和执行者分工，作为决策者的国王主要通过语言文字驾驭国家机器，万事不必亲力亲为。国王更需要的是智慧和驾驭别人的能力，已不必由战斗力最强的人担任。于是国王出于私心，选择自己的子嗣或者近亲为继任，禅让制演变为世袭制。《三字经》中描述为：“尧舜兴，禅尊位。

夏传子，家天下。”中国5000多年历史中，大部分是这种世袭君主制。许多历史学家对禅让制赞赏有加，对世袭制多有诟病，这其实是只看到了问题的一个方面。从历史角度看，君主世袭制是社会进步的结果，而不是倒退，是原始社会末期生产力突破生产关系之后，生产关系的重新洗牌。人类社会也从部族治理步入国家治理轨道，人类完成了从个人能力到部族能力，再到国家能力的过渡。

至此，人类攀上了地球食物链顶端，有了对地球生物生杀予夺的能力和对地球面貌加以改造的能力，这是传说中的“上帝”才有的能力！人类从动物到具有改造地球面貌的能力用了不到50万年，如果把地球的100亿年设定为一天的话，人类进化所用的时间也就不足1秒。

第二节　黑色文字

一、文字起源

红绿蓝三色可以混合而成黑色，而黑色正是文字的基本色彩。如果说绿色代表生长发展，蓝色代表生命之源，红色代表毁灭与重生，那么这三种颜色所包含的寓意也都聚集在黑色之中。以黑色为主色调的文字，从发明之始，就担负起了沟通与记录双重功能。通过文字，不但可以动员更多人参与战争与国家事务，促使其遵守或维护国家制度，还可以将前人经验和历史事件记录并传承下去。随着语言的发展，以语言为载体的人类思想也愈趋成熟，从远古社会继承下来口口相传的文化已经不足以承载大量信息、经验，也难以有效地传承给下一代，于是文字就成为最佳选择。

相传中国汉字最早由黄帝时代（约公元前2697年）史官仓颉所创，

《淮南子·本经训》："昔日仓颉作书而天雨粟，鬼夜哭。"可见造字在古人看来也是一件惊天地、泣鬼神的大事。《荀子》《韩非子》等文献中也有仓颉造字的记载。从仓颉造字开始，中华民族逐步摆脱了结绳记事历史，进入文字时代。

从黄帝时代造字传说到商朝甲骨文，相隔 1000 余年。甲骨文是中国最早可考文字，距今 3000 余年。而世界上还有其他三种可考的早期文字，分别是古苏美尔楔形文字、古埃及象形文字以及玛雅文字。考古发现楔形文字是公元 75 年，楔形文字在此之前已经流传了 3200 余年。楔形文字经历了古阿卡德（约公元前 2300 年）、古巴比伦（约公元前 2000 年）、古亚述（约公元前 1400 年），曾是地中海和中东通用文字。公元前 6 世纪，楔形文字又随着波斯帝国扩张流行于亚欧，公元 1 世纪后逐步被拼音文字取代。古埃及象形文字产生于距今约 5500 年前，从公元前 3100 年美尼斯国王统一埃及，到公元前 332 年被希腊亚历山大大帝征服，古埃及经历了 31 个王朝，共 2700 余年，象形文字一直被使用。玛雅文字随着玛雅人离奇消失倍加神秘，但大量考古发现玛雅文字在公元 1 世纪产生，距今约 2000 年，玛雅文字也是象形文字，但与埃及象形文字不同。现代社会除了中国汉字保持着原有形态和渊源外，其他古文字均已失传或被拼音文字取代。

二、文字力量

有了文字帮助，就可以动用更多人力和战争资源，人类因此加速了争夺资源、领地和统治权的征战。翻开任何一本历史教科书，我都会发现人类社会征战文字的记载，令人目不暇接。文字所描述的血腥屠杀、生灵涂炭以及建立其上的荣耀与辉煌、权力与财富，使善良的人们不忍细读，也使野心家、冒险家欲望膨胀。人类 5000 多年的文字历史，其实就是一部征战与杀戮的历史，文字不仅是这些战争最得力的推手，也是这些血腥历史最忠实的记录。概言之，人类文明史其实就是一部由黑色文字写就的黑色历史！

如果说古代生活资料匮乏、生产工具落后，人类为了活命而争夺资源和生存空间，还是能理解的。那么在科学技术发达的今天，人类仍然相互争斗，就不可理喻了。许多情况下，不是饥荒引起战争，而是战争带来饥荒。依目前的生产水平和科技能力，人类完全可以过上温饱生活、普遍达到丰衣足食，也有能力应对自然灾害。然而，为什么非洲还有连年的饥荒？中东乱象此起彼伏？欧洲被铺天盖地的难民潮困扰？恐怖袭击频繁发生？对此已经不能用生存需求来解释了。是什么原因导致人类在生存条件满足情况下还会相残？就要从另一种闪闪发亮的金属说起。

第三节　黄色金属

一、货币出现

古代人类从火的发现，逐步过渡到熟练用火，火不仅被用来烹饪食物、取暖、抵御动物袭击、攻击猎物和敌人，还逐步被人类控制，用来制造陶器和冶炼金属，为人类创造出更多财富。火的广泛使用，使健康和强大起来的人类有了更多剩余物资，于是占有剩余物质，成了拥有财富的标志。拥有剩余物资的人之间互通有无，产生了最初的交易。由于交易量增加，人们开始用贝壳、羽毛、动物牙齿或陶器，之后以金属为等价物。最初充当等价物的金属是铜或青铜，之后制铜技术普遍发展，铜的稀缺性降低，人们就使用更贵的金、银作为等价物。但铜并没有退出交换舞台，而是被铸成货币，作为既经久耐用，又便于携带的政府信用物（货币）。金、银作为贵金属，既可以被制成昂贵的金币、银币，也可以直接作为货币使用。货币不仅作为等价交换物，方便人们互通有无，也是人类所拥有财富的象征。自从出现了货币，人们只要把货币保存起来，或者存在银行里就可以达到储存财富的目的了。这种储财方式的出现，又极大助长了人类占有财富的欲望。

二、社会分工

生产力发展引发了社会分工。以农民为例，从最初籽种采集、土地平整、农具制作、耕种、施肥、浇水、收割、加工食物都是由自己或者家人进行，到之后由于生产规模扩大，以物易物成为取得生产资料的必要环节；之后随着货币出现，这种交换变得轻松简单。一个农民只要把自己的产品运到市场上换成货币，就可以用货币购买所需生产资料。

随着生产与需求的增加，货币社会分工职能被逐步发掘，以至到了现代社会，这种职能被市场化发挥到无与伦比的程度。通过货币交换手段，实现了劳动分工，出现更多专业人员，之后国家机器出现，公职服务人员队伍增大，学校、医院、福利机构以及公司、企业、中介机构等，大量从业人员皆非农业人口。现代社会成千上万个不同职业，在绝大多数情况下，都是就业者和雇佣者双向选择的结果，而这种选择的基本动能就是货币取得、拥有和使用。货币由此也成为衡量一个人能力与财富的客观标准，通过货币，人类社会实现了庞杂分工，也实现了收益和分配。国家通过货币实现税收，建立起庞大国家机器和社会福利机构；非政府组织、宗教团体，也是通过货币实施慈善和救济事业。

生产力发展实现了社会分工、实现了社会化生产和生活。货币就成为社会发展不可或缺的润滑剂。货币发展经历了稀有信用物、金属货币、贵金属、纸币，到如今数字货币、电子支付手段，人们可以不携带货币，只使用银行卡或者装有电子支付程序的手机，就可以在大多数国家和地区完成收支行为了。

三、利益造就历史

公元前90年，史学家司马迁写下了一部不朽著作《史记》，成为中国史学丰碑。在“货值列传”中司马迁写道：“天下熙熙，皆为利来；天下攘攘，皆为利往。”在此他还描述了社会各阶层追求金钱、利益的情况，包括国王、贵族、平民、官员、商人、将士、流氓、妓女、艺人、刀笔吏等。司马公撰写“货值列传”良苦用心，给后人留了一把打开历史结节的钥匙。“熙熙攘攘，利来利往”，是人类历史的真正底蕴。顺着司马公视角观察人类社会，扑朔迷离的历史事件、复杂多变的人物关系，最终都在“利益”两个字面前，现出了原型。人类社会的一切活动，包括对立的、友好的、互惠的，无一不是起之于利益，终止于利益。

人类几千年来一直为这样那样的利益争斗不休，其实这都是被获取利益的欲望所驱使。人最初的欲望可能只是追求温饱。随着社会发达、生产和征战能力提高，欲望也超越了生存需求，征战目的也发生了根本改变，由求生变为占有，由自卫变为劫掠。几千年来，人类欲望似乎是一个永远填不满的无底洞。为了满足形形色色欲望，人们发动战争，巧取豪夺。人类在扮演上帝角色的同时，也在进行着疯狂掠夺和残杀，其丑恶面目也暴露出来，原来人类也都兼有上帝和魔鬼的两面性。

由于时空与主体不同，追求利益的表现形式会有所差别，但千差万别的人类行为，都离不开“利益”二字，只不过由于人类社会化，一些利益也随之社会化了。虽然人类所追求的利益不尽相同，但有两点是一致的：其一是利益获取与能力挂钩，无论能力表现为古代的体力还是现代的智力，或者是以此为依托的权力，能力与利益获取都成正比例关系。其二是货币始终是利益储存和拥有形式。虽然在现代社会中，货币已经不再是金属了，但货币与利益的关系没有改变。

由此可见，货币对人类的改变不仅是拥有了交换手段，促进了社会分工，更重要的是助长了欲望。人类欲望随着能力增长而恶性膨胀，这种膨胀造就了数千年征服、杀戮的历史。然而利益欲望恶果还不限于人类自相残杀，连孕育人类生命的地球母亲也不能幸免。

第四节　红色花朵

一、人类专利

在美国电影《奇幻森林》中，狼孩毛克利依靠被野兽们称为“美丽的红色花朵”的火种，引发了森林大火，杀死了恶虎，又在大象们帮助下灭了火，使森林恢复了平静，让森林中的所有动物可以和睦相处。其实人类与火的渊源更为深刻，火在历史上也扮演了天使和魔鬼的双重角色。

人类学会用火也可能是一个偶然事件：在自然引发森林大火之后，一些人前往捡食烧死的动物、植物时发现了其美味，又从残存火焰的树木上找到并采集了火种，于是用火来烹制食物、取暖，进而制作陶器、冶金。学会了用火，是人类文明一个转折点。被动物们羡慕和恐惧的“美丽的红色花朵”，从此成为人类专利，人类由此而强大，在火的帮助下战胜了恐惧和黑暗，走上现代生活。然而火在创造了人类辉煌历史的同时，却引发了另一场灾难，那就是污染。

自然界由于雷电引发森林、草原火灾，释放出大量热能和二氧化碳；但由于大自然产生火灾的偶然性，以及地球生态环境自我调节作用，自然引发火灾还不足以改变地球大气平衡。在人类学会了用火之后，二氧化碳排放开始了非自然增长，大气中二氧化碳由减少转向增加。在大量开发埋藏于地下的化石能源之前，火的燃料源于地面上的植物和动物，二氧化碳的增加还极其缓慢。

二、火的滥用

（一）火的滥用引发了气候灾难

人类发现了埋藏于地下的化石燃料之后，这种储存于地下的碳氢化合物就被人类大量开采用于燃烧，因此二氧化碳排放不断增加，逐步超过自然生态承受能力。大气中二氧化碳增加导致地球温室效应平衡被打破，地球温度开始缓慢升高。由于能源需求，埋藏于地下的、生长于地上的、来源于海里的，甚至是混杂在垃圾里的，一切可以燃烧的碳氢化合物都被人类无节制利用。二氧化碳排放几乎与工业化突飞猛进同步，达到了前所未有的程度。随着现代社会二氧化碳排放量井喷式增长，地球表面温度上升速度加快，于是地球冰雪开始消融、海平面上升，导致气候与生态灾难。

（二）火的滥用导致了污染

真正意义上的化学污染和物理污染，起始于大规模用火冶炼加工金属，以及烹饪和取暖。在手工业时代，人类用火规模和程度有限，无论是二氧化碳排放还是其他有害物质污染，还不至于对地球生态产生质的影响。直到人类进入工业化时期，各种有害物质污染也快速增长。污染侵蚀了空气、土壤、山河与湖海，进入了人类生产、生活空间；污染还加剧了物种灭绝和变异（包括微生物变异），威胁到了人类生存和繁衍。进入电气化、机械化、信息化后，现代社会每一个产业链几乎都与污染有关，污染至此成为人类生活中挥之不去的噩梦。

第五节　发展的负面

一、发现了养殖、种植秘密

人类最初进化的数百万年，一直过着打猎和采集果实的生活，与食肉动物和灵长类动物基本一样，只不过人类通过使用简单工具、语言发挥了集体力量，收获高于其他食肉动物和杂食动物。有了较高收获、学会了用火处理食物，人类健康状况改善、生育能力增强，人口不断增长，这些促使人类不断努力，学会更好的捕猎技巧，使用更好的工具，并“霸占”更大的采集领地。这一切一直在数百万年中循环，人类能力在循环中不断增强。这一时期，人类虽然掌握了用火的技巧，但并未对地球生态平衡产生破坏性影响。直到一些偶然事件出现，人类发现了养殖和种植秘密，开启了农耕文明时代。

人类打猎能力提高，猎获满足食用外还有富余，因此，俘获的一些食草动物被圈了起来，以备食物匮乏或者饥荒时食用。其中一些怀孕动物在圈养期间生下了幼崽，小动物逐渐长大；一些雄性动物和雌性动物在圈养期间交配，怀孕并生下了后代。这些现象给人类以启发，人类发现了饲养和繁殖动物的秘密。饲养、繁殖，不但比打猎来得容易，还可以提供稳定的食物来源，于是形成了最初的畜牧业。

人类发现种植秘密也同样出于偶然。由于能力提高，原始人类采集到的果实已经多于食用需要，一些坚果如种子等被储存下来，留作冬天或饥荒时食用。储存食物并不是人类专利，许多动物，如田鼠和猴子等都能做。但来年春天发现，原来运输和储存果实的地方，会因为遗撒而生长出新的禾苗、菜苗或者树苗。对于田鼠和猴子来说，这些植物与自然生长植物没有什么不同，等到成熟时继续采集而已。这对于人类，在之前数百万年也是如此；而直到距今 1 万年左右，一些有心人（也许是神农氏）发现了这一现象中隐藏的规律，并在来年将果实埋放到更适合作物生长的土地里，由此获得了比采集更大的收获。从驯养动物到农耕，人类告别了渔猎采摘生活，进入了农耕社会，此时应属于历史学的新石器时代。

二、发展另一面

中国古代《周易》记载："神农氏作，斫木为耜，揉木为耒，耒耨之利，以教天下。"传说的神农时代在公元前 3500 年之前。此时已有考古证明了在黄河流域和长江流域存在大量农耕文化。例如，陕西华县的"老官台文化"，河北武安的"磁山文化"，浙江余姚的"河姆渡文化"等。这些考古充分证明了神农氏开创中国古代农耕文化并非传说。

为了获得更高收益，人们逐步告别了刀耕火种，为植物生长准备了肥沃的土地，为动物养殖准备了更大的牧场。人类逐步形成了完备的农耕体系，采集果实和打猎，逐步退到从属地位。农业文明先于工业文明，农耕文化孕育了人类，也为工业奠定了基础。然而，一个不争的事实是：当现代社会人们被工业污染逼得走投无路时，却不曾发现，地球也早已被农耕文明"修理"得面目全非了。借助工业化帮手，农业也毫不逊色地、无节制地掠夺地球资源，深度破坏着地球生态环境。当原始森林被开垦，灌溉导致江河水位下降、湖泊与湿地消失，大量化肥导致土壤板结，过量放牧导致荒漠化，滥用农药导致食品富含有毒物质，人们也不得不为之惊叹：农耕造成的环境灾难并不比工业污染造成的轻微！

目前，地球很大一部分适合人类生活的土地都用于农牧业生产，但生产效率极其低下。大量淡水资源浪费、化肥农药残留、土壤质量下降，部分土地、水体生态灭绝，现有土地与农牧业生产方法，将无法满足日益增长的人口带来的需要。人们不得不向荒漠、森林、湿地、湖泊索取农牧业用地，导致生态环境加剧恶化。在一些落后和水资源匮乏的国家和地区，不时发生粮食短缺并造成饥荒。更可悲的是，不但在人们传统观念中，而且在现实生活中，城乡差别巨大。城市意味着先进生产条件、富裕和现代化生活、发达的科学技术与文化；而农村意味着愚昧、贫穷、落后与原始生产方式，包括繁重体力劳动与低效力耕作。这是多么具有讽刺意味啊！人类第一需求的食物，居然是以最落后的方式、最浪费资源为代价生产的，而人类对此却习以为常。

土地资源除了受到因农牧业滥耕、滥伐、滥牧造成的严重破坏之外，还受到了工业污染的恶劣影响：工业污水导致灌溉水污染，工业废气造成酸雨、雾霾，工业和城市垃圾污染堆放等，使原本落后的农村雪上加霜，特别是一些发展中国家农村，生活环境更为恶劣。在水灾频发的孟加拉，在干旱连年的非洲，自然灾害造成了更严重的人道主义灾难，人们甚至为了生存而容忍污染存在、放任自然生态破坏。

18 世纪 60 年代起源于英国的工业革命，使人类告别了手工业生产时代，工业生产也从农业附属摇身一变，取代了农业文明的主导地位。在不到 300 年时间里，完成了从机器生产到电气化生产，从电气化生产到数字化生产的转变。世界人口从 10 多亿增长到 80 多亿，财富增长也以几何级数计算。人类为之骄傲的工业文明，在给人类带来滚滚财富的同时，也在疯狂破坏自然资源、无节制释放污染物——人类为开采能源和矿石等地下资源，使地表百孔千疮；人类为生产更多工业产品，不断地向地下、水中和天空排放污染物，地球青山绿水不再；快速城市化，造就了钢筋水泥丛林、垃圾和污水公害。为养活爆炸式增长的人口，农业生产侵占着地球每一片可利用土地，美丽的大地面目全非，被一块块“补丁”（农田）覆盖。江河水库林立、水量减少、水质混浊；更有甚者，许多江河湖海（特别是发展中国家）成了工业生产排污地，导致其中的鱼虾全部消失，水体生态岌岌可危。

由此可见，人类农业文明，开启了破坏自然生态进程，打开了人类社会内部战争与杀戮的魔盒。人类在无情地毁坏地球生态同时，也在为争夺资源相互征服和劫掠。而人类工业文明，造成了更严重的污染和毁灭性破坏，这是对地球生态环境一场新的浩劫，威胁到人类自身生存和繁衍。人类尚且如此，那么本来已经处于弱势地位的野生动植物命运又会如何呢？

第六节　蓝色生态之灾

一、人类进化怪圈

近期在网上有人恶搞一段漫画，包括由鸡经营的自动化“养人场”，内容从人的养殖、屠宰到餐馆出售“肯特人”快餐；由牛经营的自动化“人奶场”和由牛经营的“斗人牛”在娱乐场表演“斗人”等。这些漫画内容虽然荒诞至极，但也发人深省。当人类从动物序列中胜出后，并没有善待动物，也没有善待养育自己的植物，而是毫无节制地索取，罔顾其他动植物基本生存环境需要。虽然牛、鸡等任人宰杀的动物还不可能对人类“反其道而行之”，但或许是上帝也不忍心看下去了，大自然对人类的报复却是实实在在的。如今是到了人类深刻自我反省的时候了。

当我们回顾人类历史时，发现人类其实是在两个难以逾越的怪圈中循环。其一，人类生活需求高于人类能力。人类每一次进步，都会使人类能力提升，人类能力提升，使人类可以获得更多生活资料，人类获得更多生活资料后，又可以支持繁衍出更多后代，而后的人口增长，又迫使人类获取更多生活资料，为了获得更多生活资料，人类又不得不更努力去提升自己能力。似乎人类能力永远在弥补着人类不断增长的需求。人类从动物界分离后，特别是在进入农耕文明和工业文明社会后，这种循环速度不断加快，循环基数不断加大，循环周期不断缩短。其二，人类欲望需求更高于人类能力。人类能力和欲望成正比，特别从有了剩余物资、货币发明后，人类欲望更是无限膨胀。人类占有欲、享受欲、支配欲增长永远超过人类能力提升速度，而这些欲望也远远高于人类需求。两个怪圈循环结果是人类永远不能满足自身需求、人类欲望永远高于人类实际需求。于是我们看到一番不堪入目的景象：在 80 多亿人口庞大基数压力下，雾霾笼罩城市，交通拥堵，土地、河流与空气污染，富含有毒物质的用品与食品……与当前人类现代化生活形成极不和谐反差。

与人类共同进化的动物，有的成了人类宠物（如狗、猫），有的成了人类奴隶（如牛、马），有的成了人类菜肴（如猪、鸡、鱼），甚至很多动物在人类那里有多种用途，如牛，既能耕田，又能产奶，还能屠宰吃肉、皮革制鞋；再如羊、鸭、兔等，皮毛和肉体都被人类充分利用。除了上述养殖动物外，更多野生动物由于人类对其皮、肉、骨骼需求，逐步走向濒危和灭绝。

2012 年 6 月 24 日，生活在南美洲厄瓜多尔加拉帕戈斯国家公园一只名叫乔治的加拉帕戈斯平塔岛象龟去世了，之前这只百岁老龟是这个龟种已知唯一存于世的成员。由于人们在发现乔治时就再未找到其同类，因此它被称作“孤独的乔治”。这是人类首次目睹并记录了一个物种消亡。“孤独的乔治”的死亡，引起了世界对于物种灭绝的警觉。然而事实上，世界上大约每小时消失一种动物，每分钟消失一种植物，其速度之快，是2000年前的1000倍。

二、生态末日

世界人口由农耕初期几百万（也许更少）增加到现在80多亿，人类居住地、耕地以及牧场几乎覆盖了地球陆地绝大部分，除了南极地区和高山、峡谷等一些极端地貌的地区外，几乎全被人类挤占，原始森林也多被砍伐殆尽。野生动植物生存空间极度匮乏。一些适应力较强的野生动植物可以与人类共存外，大部分野生动植物，特别是食肉动物，由于生存空间狭小、生存条件恶劣、食物链断裂等原因而灭绝或者濒于灭绝。

伴随着野生动植物大量消失，地球母亲现状更是惨不忍睹。由于战争和污染双重绞杀，地球母亲早已失去了1万年前的风采，蓝色笼罩下的美丽自然风光消失了，城市、工厂、交通网络、村落、农田、牧场等人造设施几乎将陆地适合生存的空间挤占殆尽。森林面积锐减，大气、河湖、海洋被严重污染，人们不时受到雾霾、酸雨、赤潮以及厄尔尼诺现象袭击。现代科学技术密切了人际交往，使地球空间缩小为一个村落，但农耕文明和工业文明带来的污染又使得地球村越来越不适合人类生存，更成为野生动植物的坟场。

世界自然基金会2012年公布的一项报告显示，受人类活动影响，全球野生动物从1970年以来已锐减58%，如果再不采取行动，世界上2/3野生动物将在若干年内消失。科学家预测，全球脊椎动物正在以每年2%的速度消失。据中国环境保护部2015年公布的《中国生物多样性红色名录——脊椎动物卷》宣示，中国境内脊椎动物共有17种被列为

“灭绝”。另外，中国还有大量野生动物处于濒临灭绝状态，其中包括178种哺乳动物，146种鸟类，137种爬行动物，295种内陆鱼。相比野生动物，野生植物生存状况更被人类所忽视，中国在1999年公布了野生植物保护名录，但执行情况并不乐观。目前野生人参、石斛、雪莲、兰花等已几近灭绝。

大千世界，适者生存，优胜劣汰本身就是大自然规律。随着地理、气候变化，总有一些生物因不适应环境而被淘汰，也总有一些生物因适应了环境而进化得更为强壮，也不排除会分化出新物种。地球生态系统从形成以来，可考的生态大灭绝有5次之多：第一次发生在距今约4.4亿年前的奥陶纪，当时85%生物灭绝；第二次发生在约3.65亿年前的泥盆纪，大部分海洋生物灭绝；第三次发生在距今约2.5亿年前的二叠纪，也是最严重的一次，地球上约96%物种灭绝；第四次发生在约1.8亿年前，地球80%爬行动物灭绝；第五次发生在距今约6500万年前的白垩纪，统治地球约1.6亿年的恐龙灭绝。每次绝大部分地球生物灭绝后新物种会蓬勃发展，这些都是顺应自然规律。然而发生在近现代以来地球生态与物种灭绝，被称为“第六次物种大灭绝”，产生原因却与前5次截然不同，不是由于大自然变化，而是由于人类活动。人类这些活动又是与人类过高需求与不断膨胀的欲望密切联系的。

（一）挤占生存空间

在公元15世纪至17世纪地理大发现之前，人类生活空间只限于一些江河流域、沿海、平原或水草丰盛的草原，所占面积不足地球陆地1/10，人类在海洋活动区域更为有限。此时人类虽然已经具有了对地球生物生杀予夺能力，但留给野生动物、植物的空间相当广阔。天空是鸟类专有领域；90%以上海洋是海生动植物领地；高山、荒漠、沼泽、河流与湖泊、原始森林仍是野生动植物天堂。由于人类活动区域有限，虽然最适合生存的空间被人类占领，野生动植物被迫退居其次，但还有较大繁衍空间，人类的活动尚未影响到野生动植物生存。从公元 15 世纪开始，野生动植物噩梦开始了。随着地理大发现，用热兵器武装起来的欧洲人，借助航海技术，登上了美洲、大洋洲，深入到了非洲、亚洲腹地，探索了各大洋以及南北极。人类对地球母亲了解加深后，伴随着人类贪婪欲望，向野生动植物世界发起了疯狂掠夺。由于种植、养殖和食物、服装需要，大片原始森林和草原被开垦，大量野生动物被猎杀。之后随着工业化发达，人类进入机器时代，随着蒸汽机、内燃机、电的发明和使用，化学工业发展，煤炭、石油、天然气的开采，人类步入现代生活。在人类多姿多彩的生活背后，野生动植物生存空间几乎被人类挤占殆尽，从高山到平原，从陆地到海洋，除了南北极一些地区和人类设立的“野生动物保护区”外，我们几乎再也找不到野生动物自由栖息的领地。大部分野生动植物生存条件极度恶劣，甚至失去基本生存空间，焉有不灭之理！

（二）污染物排放

从 18 世纪中期世界工业革命起，在经历现代战争浩劫和饥荒的同时，人类也借助工业化力量和地球资源泽惠，艰难步入现代生活。然而污染也伴随着工业化不约而至，成为另一场劫难，威胁人类生存和繁衍。人类尚且如此，处于劣势的野生动植物命运可想而知。如果说那些偏远地区野生动植物由于远离人类生活区域而受到污染较轻，那么在人类区域夹缝中生存的野生动植物就很难幸免。那些靠捡食人类丢弃食品为生的动物，由于食品多为腐败变质和污染严重，首当其冲成为受害者。

（三）气候、环境变化

现代工业化导致的二氧化碳等温室气体过度排放，臭氧层的破坏以及酸雨、雾霾影响，地球以前所未有速度变暖，地球空气质量下降。目前频繁出现的极端气候以及无处不在大气、海洋污染，导致地球气候与环境越来越不适应人类生存，对于生存能力更为低下的野生动植物来说，更是雪上加霜。

（四）资源过度开发

在养殖、种植业之外，人类食物、用品以及工业原料另一个来源就是野生动植物。对于野生动植物过度利用，也是造成其灭绝的一个重要原因，包括：（1）对水产品过度捕捞。近海渔业资源已近枯竭、深海生态平衡也被打破，远洋捕鲸屡禁不止，如今人类开始大量捕捞南极磷虾，这将会对南极生态造成釜底抽薪式破坏。（2）对珍稀动物资源奢侈利用。为了获取象牙，几乎使野生大象灭绝，同样情况还有鳄鱼皮，鲨鱼鳍，狐狸、水貂皮毛，犀牛角等。为了丰厚利润，偷猎者甚至把手伸进野生动物保护区。（3）野生动物食物链遭到严重破坏。开矿、过度农牧业开发致使土地荒漠化，野生动物因食物匮乏、食物链断绝以及失去庇护所而无以为生。

（五）外来物种入侵

由于人类活动，导致一些动植物跨区域迁徙，打破了原有地区物种平衡，本地生物生存空间被挤占。19 世纪下半叶澳大利亚被野兔入侵，20 多只放养野兔不到半个世纪，繁殖达数亿只之多，导致植被破坏，土地荒漠化，威胁到整个澳洲生态平衡。类似还有美国鲤鱼公害、葛根草公害，欧洲八哥公害，德国大闸蟹公害，中国福寿螺公害、水葫芦公害，以及造成世界岛屿 60% 的野生动植物灭亡的鼠害等。上述外来生物入侵后，打破了当地固有生态平衡，致使一些脆弱环节上动植物灭绝。

由此可见，“第六次物种大灭绝”完全是人类自身行为造成。人类导致物种灭绝行为起因，并非人类为了求生存不得已而为之，而是出于人类对利益追求和贪婪。人类在成就了自己万物主宰地位后，并未善待自然，在永远无法被满足的欲望驱使下，更加无情地剥夺和索取动植物界一切，“第六次物种大灭绝”愈演愈烈。世界物种灭绝降临之日，人类也不能独善其身。

本章结语

现在到了人类认真反省自己的时候了。人类源于蓝色，受庇护于蓝色，从简单生命细胞，到植物、动物，从海洋到陆地，从森林到平原，经过数十亿年进化，终于到达食物链顶端，成为世间万物主宰。一路走来，经过无数艰难曲折，人类所取得的成就无可非议，任何动物都不可比拟。本书也无意抹杀与忽视人类所创造的辉煌文化与光辉业绩，只是意图通过检讨人类文明另一面，来认识和纠正人类创造文明道路上的失误，清除威胁人类生存隐患。特别是人类进入文明社会以来，随着农业文明和工业文明而愈演愈烈的战争和污染，如今已经威胁到了人类生存。因此应为人类敲响警钟，促使人类觉醒，使人类认识到回归蓝色的重要性。人类应该收手了，应该承担起自己的责任了。被人类折腾得破败不堪的地球母亲需要被救赎，被人类赶尽杀绝的野生动植物也需要被救赎；人类只有拯救了地球和野生动植物，才能拯救自己。人类回归蓝色，其实也是重新得到蓝色护佑。为此，人类应该行动起来了。

蓝色对于人类意义，不是单纯的一种色彩，而是一种图腾，一种规范人类观念、行为的模式，是环境与生活方式总成。对于美丽、伟大、包容万物的蓝色，人类其实至今都没有理解到其深邃内涵！

第二章

人类心灵污染

恩格斯在《家庭、私有制和国家的起源》一书中引用摩尔根的分类方法，将人类社会历史分为蒙昧时代、野蛮时代和文明时代。野蛮时代与文明时代交集应该在公元前 8000—前 5000 年，这一时期正是人类农耕文明起始阶段。摩尔根的人类文明时代，应该涵盖历史学中远古、古代和近代几个阶段。现代社会是在文明时代基础上发展和延续，人类为之骄傲和自豪。检讨人类文明观，并不是否定人类文明，也不是否定人类进化和所创造的成就，而是出于人类社会可持续发展之初衷，使人类更清醒地认识自己所处地位、所承担职责，增强忧患意识。

第一节 人类文明另一面

一、人性变异

回顾人类社会几千年来形成的文明观、发展观，有一个道德误区，是一场堪比工业污染、农耕污染更严重的精神污染。《三字经》开宗明义的一句就是“人之初，性本善”。在人类进化最初数百万年甚至更长时间里，情况确实如此。原始人类为了自身生存，为了抵御野兽侵犯，必须团结起来，在获得有限生活资源情况下，“有福同享，有难同当”。

生活资料越是匮乏，人类团结、互助精神越强。在食物严重不足的情况下，部落其他人总是忍饥挨饿，将食物留给那些保卫部落安全的战士和承载着部落未来的儿童。人们这样做是为了部落整体生存和延续后代。对于把食物让给别人的部落成员来说是舍小我，顾大我。这种精神被融入了原始文化之中，成为“性本善”的内容。共享劳动成果、平均分配生活物资，成为以采集和打猎为生活来源的人们的共同观念，也是在人欲横流的现代社会被人们羡慕不已的美德。

然而，就在农耕文明发展近万年来、工业文明发展数百年间，人类“性本善”道德观被彻底颠覆了。取而代之的是人们疯狂追逐利益和权利，人性险恶一面暴露无遗。在教育理论中，“性本善”退而求其次，被解释为人类出生时是善良的，由于后天社会影响而变得“恶劣”了，因此要通过教育抵御恶性对新一代人侵蚀。现实社会中，反应人性恶劣的行为已经成为不可治愈顽疾，于是统治者利用制度来规范社会生活，引入法制来防范恶劣人性驱使下的侵害行为。与此同时，作为统治辅助手段的宗教等也竭力劝导人们积德向善，弘扬高尚道德情操。但这些教育和法制措施作用有限，不能彻底消除人类“恶性”产生的思想根源。人类社会从口口相传故事到白纸黑字历史，就一直流传和记录着人类不断相互争斗、杀戮和掠夺，恶性一面贯穿始终。更为可悲的是，孰恶孰善在历史上并没有统一标准，强者总是正义、善良一方，弱者自然成了不义与邪恶，可谓“成者王侯，败者贼”。

翻开任何一本历史教科书，所看到的都是人类如何发展壮大，社会如何进步、完善，可以看到人类从有文字记载数千年来，是如何由原始走向现代，从落后走向发达的。所有对历史描述，都是以人类成功为主线，都是胜利者、强者的历史。迄今为止，还很少有历史书或者媒体对于人类光辉灿烂文明背后另一面，即对于人类杀戮、文明毁灭以及地球

图2－1　《神曲》，［法］古斯塔夫·多雷

生态破坏给予完整、忠实记录，如果从历史夹缝中发现些许，也是为了衬托英雄们的丰功伟业，“报喜不报忧”的历史，其实是一种“历史麻醉剂”，使人类陶醉于自己以往的成功喜悦之中，而忘记了忧患存在。这是人类基本文明观的问题，是人类以自我为中心的心态所致。这种心态是原始丛林规则下动物心态的延续，会使人类自我陶醉而不思进取，毁于自己创造的“文明陷阱”。

检讨人类文明观，其实并不仅仅是回归“性本善”问题，而是对于人类进入文明社会以来整个观念形态的修正，是一场彻底变革。为此，就有必要对之前文明观进行全面梳理，在此基础上，理性地探讨人类性恶的变迁以及回归性善的解决方法。

二、史前文明

史前文明是指人类在有确切记载的历史之前的发展与进化，应该从人类直立行走、制造工具、学会用火和形成语言开始，到迄今约 1 万年前农耕文明发端结束，时间跨度应该有数百万年或者更长的时间。史前文明阶段，人类主要活动仍聚焦于两个方面：其一是尽可能延长生存时间，包括补充食物、不被猎杀；其二是繁殖、养育后代和族群优化。人类上述活动被称作文明，与动物、植物生存活动存在不同之处，就在于动物、植物的生存能力是通过数亿年或者更长时间的进化而来的，而人类除了进化所得的生存能力外，还靠自己本身智慧，使人类生存能力得以加强。例如，森林里的猴子，永远都是老虎等猛兽猎杀的对象，它们只能依靠进化爬树能力逃离被杀命运；草原上的羚羊，永远都是狮子等猛兽猎杀的对象，它们只能靠进化奔跑速度逃离被杀命运。既不善于爬树，又不善于奔跑的人类遇到老虎和狮子等，如果仅凭进化所得到的体能，肯定会早于猴子或羚羊成为猎物。但人类不但没有被老虎和狮子等消灭殆尽，反而有能力猎杀老虎和狮子等，这是因为人类应用自己的智慧，通过语言、火和武器加强了自己的能力。

在残酷的生存竞争中，人类不仅要逃避食肉动物猎杀，使自己族群安全，还要捕猎、采集到足够食物，使自己族群繁衍。于是人类不得已在两个方面作战：（1）为了争夺食物链顶端地位与动物界的生物争战，包括猎杀与反猎杀，人类视大型食肉动物为死敌，它们既是反猎杀的对象，也是猎杀的对象；而猎杀大型食草动物，也不是一件容易的事情。通过与动物界的生物争战，为人类创造了相对安全生存环境。（2）为了保持族群优势与其他人类争战，即人类“净化”。在残酷人类净化中，我们祖先也是凭借其语言、火和集体力量优势生存了下来，战胜并灭绝了其他人种，从而清除了最具潜力的竞争对手。

人类能力除了应用在采集、打猎以及反抗野生动物侵略、与其他人类争斗外，还应用于人类内部争斗，如争夺交配权。男子们通过打斗，胜利者获得了与部落女子的交配权，从而使良好基因得以遗传。由于在争夺交配权争斗中包含智慧因素，因此胜出者不一定是体能最好的，而可能是最聪明或者最狡猾的。除了争夺交配权外，在人类已经有了剩余物资后，占有物资同样是体力和智慧较量，最终结果也肯定是智慧战胜了体力。

人类智慧不只是用于人类为求生存对动物猎杀，还包括与其他人类争端解决，以及人类自己内部争端解决。这就是史前文明主要内容。在史前文明阶段，人类猎杀与争战都是出于争夺生存空间或者延续种族需要，而人类内部竞争和争斗也在客观上优化了种族，有利于进化。

史前文明伴随着人类进步一路发展，把人类从动物食物链的低端带上了顶端，并脱离了动物界成为真正人类。从人类社会发展角度看，史前文明积极一面大于消极一面。从地球生态角度看，在该阶段，人类文明已经开始改变地球原始风貌了，地球生态平衡开始被打破，特别是在人类生活区域，野生动植物受到限制。从人类内部情况看，该阶段交配权获得、剩余物资拥有以及族群治理结构，已经逐步由体力竞争转向智慧博弈；族群内部暴力争斗反而更少了，人类因此而强大起来，并且更为睿智，此时人类已经为进入更高的文明做好了准备。孔子所描述的大同社会，大致就是这个时期。

三、农业文明

距今约 1 万年的农业文明起源，是人类历史一个转折点，也是人类自相残杀的开始。人类通过耕种土地，收获了足够的粮食和蔬菜；通过养殖牲畜，得到了足够的肉食品。人口迅速增长，生活用品消耗也迅速增加，又促使人类不断地去开垦更多耕地，占据更大牧场，以便生产更多食物来养活人口。也许当初从非洲出来只有几十人或者更少，之后由于自然条件恶劣，人类繁衍速度并不是很快。但到了农耕时代，逐步摆脱了饥饿困扰，接着又出现了原始医疗，病亡率减少，人口就不可遏制地增长起来。虽然没有人能够确切知道农耕时代人口数量，但人口压力应该是当时社会发展和人类四处征服的主要驱动力。

为了得到更多的土地以养活不断增长的人口，一方面是向动物界索取，占据更多的动物栖息地，将动物赶到不适宜人类居住地域；另一方面，向其他部落索取，将那些较为弱势部落消灭或者赶走，占领他们的领地。随着适合生活土地逐步减少和开垦荒地成本增加，人类更热衷于抢占其他部落开垦完的成熟土地。因为这样不但有现成农业基础设施、生产工具和财产，还可以将俘虏作为奴隶，代替自己耕作土地。于是农耕文明另一个副产品发达了起来，那就是战争。强大部落为了土地和奴隶发动战争，弱小部落为了不被消灭而奋起自卫。进入农耕文明以来，战争愈演愈烈，规模越来越大。战争不仅使财富积累放缓，也使人口增长迟滞，一些大规模战争甚至导致人口负增长。古埃及、古巴比伦、古希腊、罗马帝国、蒙古帝国、奥斯曼帝国、莫卧儿帝国，无一不是从战争中崛起，又在战争中灰飞烟灭。

战争成为贯穿整个农耕社会的主旋律，或者说从农耕社会开始，人类就陷入相互杀戮和抢掠不可自拔。虽然中华文明没有像西方文明那样遭受毁灭性摧残，但了解中国历史的人都知道，有文字记载3000多年来，虽然努力保持着自己的文化传统，但多半时间在战乱中度过，中华文明历史也是一部伤痕累累的血泪史。特别是近代近200年来，在西方工业的战争机器碾压下，更有不堪回首的一幕。

四、工业文明

在被战争阴云笼罩的农耕社会，在你死我活中蹒跚前行了近万年，有多少生灵涂炭，有多少文明古迹被毁灭。直到18世纪60年代，在饱经蹂躏欧洲边上几个小国中，出现了代替手工劳作的怪物——机器，世界由此改观了。在漫长农耕社会里，也有手工业，但其只是农业文明辅助。手工业伴随农业文明长达数千年，包括轮子制造、金属冶炼、烧制陶瓷，以及中国造纸术、印刷术、火药、指南针的四大发明，都没有超出手的操作范围。机器应用使手的功能得到延伸，人类又找到了新希望，这就是工业革命。伴随工业革命到来的是机器所有者和使用者，即资本家和工人群体，人们用机器纺纱织布，用机器驱动火车、轮船和战车，用机器制造更有杀伤力的枪支和大炮，之后又发现了电，发明了飞机、汽车。工业革命仅用几十年，就超过了之前人类上万年成就。不仅“点灯不用油，耕地不用牛”，就连战争用马匹、刀箭也被战车与枪炮取代。但“刀枪入库，马放南山”只是标志着以手工业为基础的战争武器消亡，并不意味着人类放弃了战争，反而人类战争走上了新台阶。战争随着工业化扩张搭上了机器快车，其毁灭能力更是成千上万倍增长。

于是机器时代给予的希望很快又被更大的贪婪毁灭了。工业革命结果只是改变了世界政治力量，新兴工业化国家很快成为世界强国，英国、荷兰、法国、德国等这些欧洲国家崛起，引发了争夺殖民地战争、贸易与争夺海上霸权战争、殖民与反殖民战争。工业革命并没有制止万年来世界无休止的战争，反而是“火上浇油”，战争愈演愈烈，战争伤亡人数、毁灭财产，对人性扭曲都远远超过农耕时代。人类在开动工业机器的同时，又放纵了另一个更严重威胁人类社会的灾难——污染。从工业文明之始，距今不到3个世纪，工业文明就像长了翅膀一样飞速发展，人类社会完成了向现代社会快速蜕变。然而，就在人类对战争丑恶视而不见，以胜利者心态欢欣鼓舞地享受工业文明利好的同时，地球生态却因污染而陷入灭顶之灾。

第二节　文明错位

高度发达的现代社会，在光彩陆离的现代生活背后，究竟还有什么不为人知的秘密？在文明高度发达阴影之下，究竟还有多少黑暗面？人类数千年一家独大是福还是祸？地球母亲还能承受得起文明重压吗？近现代随着人口压力增大，污染加剧，生存环境恶化，对此不乏睿智和清醒反思。但迄今为止，这些反思都是局限于人类立场之上，不能突破人类至上主义观念。人类并没有真正放下身段，从地球生态和所有生物共同利益去考量问题；或者也没有把自己提升到上帝角度去思考问题。那么人类文明究竟出了什么问题？我们不妨跳出人类立场进行观察。

一、地球“癌症”

癌症被称之为“众病之王”，最早由古希腊名医希波克拉底命名，人类至今对癌症仍无有效疗法。癌症也称恶性肿瘤，其发病原理是身体细胞生长基因失控，导致异常分化、增生而形成新细胞，新细胞不因引发原因消失而消失，也不受机体正常生理调节，其生长速度高于正常细胞，并与正常细胞争夺营养。恶性肿瘤生长到一定程度时，就会超出身体代谢功能并浸润身体其他器官，肿瘤就会在其上蔓延、生长，浸润更多器官，直到引起身体“中毒”、器官衰竭，造成患者死亡。

地球生态本身是一个自平衡系统，数十亿年来，大自然以其自身规律来维护着地球生物平衡发展。如果某一方面发展打破了平衡，就必然会有其他方面来消除。地球生物从出现到逐步形成这种平衡，一直持续数十亿年。地球生态系统，经过数十亿年进化，发展成一个有机整体，世界上众多植物、动物，构成多层次网状食物链。通过自然形成优胜劣汰，适者生存规律调节，维持着自我平衡。人类文明出现，不仅打破了地球数十亿年生态平衡，也导致地球遭遇被污染毁灭的危险。人类的过分强大，导致大自然没有任何力量可以来平抑。

人类文明对于地球母亲的破坏，其实相当于癌症细胞对于人体侵蚀。万余年时间，由于人类“文明”突飞猛进发展，人类能力迅速提升，人口迅速膨胀，野生动植物生存空间被挤占殆尽、食物链中断，地球数十亿年生态平衡被打破。如果从地球生态和野生动植物角度看，人类以极强生存能力、极快繁衍速度，几乎占尽了地球生存空间，人类膨胀突破了地球自然平衡功能，就像癌细胞对患者机体侵蚀一样。随着人类社会的兴旺发达，地球生态圈其他成员（养殖、种植动植物除外）随之处于濒于灭绝境地，就像癌细胞对于其他细胞排挤一样。然而，人类文明对地球生态危害不仅在于挤占了其他动植物生存空间，还包括人类文明另一个副产品——污染。从温室气体排放，到化学物质污染、物理污染，污染不仅充斥了人类生活方方面面，还蔓延到了地球每一个角落，远远超出地球自然净化能力，致使人类本身生存环境受到污染威胁，而野生动植物生存条件更是雪上加霜，不少野生动植物因此灭绝。污染对地球机体侵害已经到了难以治愈的地步了。而人类自身活动导致自然失衡、微生物失衡，以及地球物质失衡，却反噬了人类，如癌细胞增出，使人类社会陷入新的危机之中。

现代工业化生产造成的污染，使地球无法恢复物质间平衡，污染物致使地球生态系统遭到毁灭性破坏，造成物种灭绝，同时也威胁着人类生存。现代人类社会中许多疾病，也是由污染引起的，如癌症、超级细菌感染等。

至此，人类文明似乎进入一个怪圈：人类进步与征服自然能力增强，使人类获得了更多生活资料和生产资料、人类生活质量和健康水平大幅提高，又促使人类产生更大需求。由于人类的利己主义和永不满足的欲望，人类在实施满足自己需求和欲望行为时，并不顾忌地球其他生物生存状态。加之人类在生产和生活中不负责任地释放污染物，以及人类产品本身污染，致使地球生态环境恶化、野生动植物灭绝，人类自身生存和繁衍也受到威胁。从农业文明始发近万年来，人类社会就陷入这样一种螺旋上升式的乱局，人类文明每一次进步，都会带来野生动植物空间缩小、地球生态恶化后果，而且愈演愈烈。

对于地球生态圈来说，对于野生动植物来说，如果能彻底清除“人类之癌”，或者至少把人类打回旧石器时代，就能使地球逐步恢复生态平衡。然而对于人类来说，这是不可接受的。鉴于地球上已经没有任何力量（包括上帝）可以清除“人类之癌”，地球生态环境改变和恢复还有待于人类自己的觉醒。中国有句俗话“解铃还需系铃人”，也只有当人类认识到自己文明观错误，彻底反省自己得以骄傲文明所带来危害之时，人类才会从自我毁灭怪圈中走出。

二、科技“双刃剑”

作为人类文明精华的现代科学技术，使人类能力大幅度加强，在科学技术帮助下，人类已经可以随意改变地球外观，成为世界生物主宰。然而在人类发展科学技术道路上，却放任了不断增加的污染。其实污染与科学技术并不是必然共存关系。虽然在一些情况下，某项科学技术应用，会导致污染出现，例如，火力发电、汽车开动，必然会有碳排放问题，二者具有共生关系。但在另外一些情况下，共生关系并不是必然的，例如，工厂排放“三废”，如果严格按照零污染规范处理，就可以杜绝污染物排放；又如含有化学污染物质的产品、食品，如果按照“零污染”标准生产，就不会有污染存在；再如对于噪声、辐射等物理污染，只要距离或者隔离措施得当，就可以使人类“避开”。由此可见，对于有些非必然共生的污染，可以在科学技术应用中加以排除或者避开。而对于不可避免的共生污染，人类也不是完全没有办法，可以通过发展、替代来解决。例如，用于发电、汽车驱动等造成碳排放能源，即化石能源，可以通过发展核能（特别是没有辐射的核聚变）、太阳能、水能或者氢能替代。

由此可见，与科学技术应用并发的污染，虽然有部分必然性，但不是绝对的，大部分污染可以通过发展科学技术本身来消除。从这种意义上讲，把污染归咎于科学技术应用是不公正的；认为二者存在共生关系也是不全面的。而事实是，人类在发展科学技术道路上忽视了对其带来污染的治理，或者限于历史和社会发展原因，人类当时还没有认识到污染的存在，或者没有认识到污染的危害性。这就可以解释为什么英国伟大作家狄更斯写他的不朽著作《雾都孤儿》时，对于伦敦浓雾并不在意；居里夫人致力于“镭”提炼过程中，对其致命辐射毫不防备，以致这位伟大的科学家被自己提炼的“镭”辐射，死于恶性贫血。

从这一角度看，科学技术既是污染制造者，也是污染终结者。关键要看人类如何应用。而人类利用科学技术决策也受其观念形态影响。人类文明在近万年历程中，在工业化革命至今近 3 个世纪中，人类忽视或者放任污染存在，主要原因还是源于人类思想意识形态扭曲，以及建立在这种扭曲意识形态之上的文明观。

三、发展观误导

人类发展观与利益息息相关，是人类为了自身利益所预期的发展模式以及行为导向。人类发展观并非一成不变，而是需要根据人类能力和生存境遇不断调整的观念形态。在人类还不能被称之为“人类”的原始时代，所需要的是最基本生存和繁衍条件。人类在当时还只是众多动物中的一员，除了需要获得赖以生存食物之外，还需要防止大型食肉动物猎杀。此时人类思维简单，即使有什么愿望，那也可能只是如何去填饱肚子、逃避危险和繁殖后代。由于生存环境恶劣，单个或者以家庭为单位的人类无法生存，故人类被迫以亲情维系部落的方式来共同生活。此时人类还未形成系统的思想和观念，部落至上，个人或者家庭服从部落利益这些最原始信念，其实也是与人类生存需求密切相关，或建立在人类生存本能基础上的。为此，个人为维护部落利益，就会不惜牺牲自己的利益甚至性命。

随着人类能力的增强，所占有的生存空间扩大、部落扩张，逐步兼并和联合其他部落，出现国家雏形。人类也完成了蜕变，在动物系列排名中不断上升，攀上了食物链顶端，成为地球生物界当之无愧的 No. 1。在没有其他动物为对手情况下，为了争夺生活资源，不同种类的人开始争斗，即人种“净化”运动，该过程延续了数十万年或者更久时间，直到作为我们祖先的一支胜出。之后随着部落向国家演变，人类思想观念中共同利益已经扩展到更大范围。

人类并没有因为完成了人种“净化”运动而停止了征战，而是把进攻矛头指向了同类。也许就在人种“净化”中，这种内部相残就存在了。随着人口增长，对于土地、牧场和奴隶的需求也随之增加，这迫使人类部落之间无休止的相互征服和劫掠，胜利了的部落不仅领地扩大，人口也相应增长。越是强大部落，越有可能征服其他弱小部落，越会获得更多土地和奴隶，不断循环之下，最终强大的部落形成国家，并以国家名义进行征战，兼并更多部落和弱小国家。部落和国家为了自身生存和不被征服或者灭亡，或者为了征服更多外族，占领更大、更为富饶领地，就要进行新一轮竞争，包括发展生产、增加人口，使自己的经济、军事实力足以满足上述自卫或者征服需求。人类数千年文明史，就是一部不停征战与杀戮历史，战争成了历史的主旋律，即使在战争间隙的和平发展年代，也被看成休养生息，为新的、更大的战争和征服准备和孕育力量。人类发展观依附于战争，古希腊哲学家认为战争是万有之源，是财富和繁荣基础。人类荣辱观也如此，无论是为了征服、消灭别国表现出来的英雄主义，或者为了不被征服和消灭表现出来的爱国主义，都是建立在国家利益基础之上。人类发展观也是依附于战胜观的：通过发展经济，养育更多人口，制造更好武器装备，从而增强民族和国家战争实力，用来征服别国或者不被别国征服。虽然在现代社会，由于世界向多极化发展，核军备竞赛导致了相互制衡，大国间军事博弈制约等因素，以及国际政治角力，至少在第二次世界大战结束 70 余年来，世界规模的战争没有再发生，人类享受了相对的和平稳定。但世界局部战争从来没有停止过，世界军备竞争也愈演愈烈。许多地区冲突、局部战争都有大国博弈的影子，有的甚至有大国直接参与。自 2001 年 9 月 11 日以来，反恐战争成为世界新热点，世界又重新被恐怖袭击所搅乱。反恐战争与以往战争不同，恐怖袭击一方往往披着宗教外衣；而反恐一方则以平民保护者面目出现。二者博弈，在表面上似乎与传统发展观风马牛不相及，也很难用传统利益观来解释。但如果剥开表面包裹，不难发现所谓恐怖主义和反恐战争，其核心内涵还是利益，其动力产生于利益排他性。我们不妨展开分析。

四、利益排他性

虽然说私有制产生于剩余物资之后，但占有剩余物资的利益观应产生得更早一些，是作为动物乃至生物本能与人类共生的。例如，为了生存，需要食物、庇护所和武器；为了健康，需要药品和治疗；为了延续后代，需要交配和抚养后代。这些基本生存、繁衍条件，被称为利益。随着剩余物资增加和能力提高，利益的范畴也逐步由生存必需向生活享受转变，现代社会许多利益已经远远超出生存和繁衍需求。人类利益观有其积极一面，特别是对于剩余物资占有和追求，是促使人类不断进取的动力。在此动力驱使下，人类不但从物种竞争中胜出，而且也逃避了大自然报复乃至“上帝惩罚”，成为地球主人。但人类在利益驱动下创造辉煌的同时，却没有顾及其所造成的危害。虽然没有精确统计，但可以肯定，历史上追求利益战争对于财富和资源破坏，远远大于和平利用；战争对于杀戮，远远高于疾病死亡。现代社会的常规武器，已经可以杀死全人类而绰绰有余，而核武器甚至可以毁灭地球数次。由此可见，在利益驱动下，人类已经给自己准备好了自我毁灭的装备，而且不止一套！地球为什么变得如此脆弱？强大的人类为什么会把自己置于如此命悬一线的危险境地？这是因为人类在追求利益之时，就将自己陷入一个利益排他性怪圈。

无论个人、民族还是国家，都有获得利益的欲望，而且这种欲望永远大于可获得利益，也永远大于自身的能力。人们无论获得多大利益，都跟不上欲望需求，在利益不能满足欲望需求情况下，人们不会把既得利益让渡给别人，因此决定了利益排他性。越是有能力、有权势的人，欲望越大，所获得利益也越大，反之亦然，由此也决定了利益享受不平等性。如此往复，有能力个人、阶层和国家会获得更多利益；能力低下的人，社会底层以及不发达国家就会得不到或者得到微薄利益，或者失去利益。于是世界上有了穷人和富人之分，有了穷国和富国之分。

除了战争对生存威胁之外，还有一把“软刀子”在不断威胁着人类健康和自然生态安全，这把“软刀子”就是污染。污染之所以被称作“软刀子”，是因为它与现代生活伴生，人类在愉快享受现代生活的同时受到污染之害，在多数情况下并没有直接感受，或者虽然有感受但选择容忍，或者只顾自己享受而放任别人受害。污染虽然不像战争那样激烈可怕，但这把“软刀子”并不比战争逊色。如果说战争是追求利益的暴力方式，那么污染就是用和平方式追求利益的副产品。如果说人类目前还可以控制常规战争规模，选择不发动核战争的话，那么对于与现代生活伴生的污染则是难以选择和控制的。由于人类不可能放弃现代生活，因此只能选择与污染共存。而在事实上，随着越来越严重污染，人类也在不断降低承受底线。好在人类还可以在污染加剧时，通过科学技术规避污染或者增强对污染的耐受力。然而地球自然生态已经撑不住了，灭绝的步伐正在加快。如果有朝一日，地球变暖导致海平面上升，大部分人类居住地被淹没，从而引发饥荒和战争，使人类自相残杀，灾难就真正开始了，地球大部分动植物也会随之灭绝；万一有一天，冲突导致核战爆发，地球将被彻底毁灭。如果劫后余生的地球上还会有极少数人类侥幸存活，也会与抗辐射能力极强的蟑螂、变形虫、蝎子、贝类等为伍。那将是一个怎样的世界呢？

现代社会中，战争和污染犹如两把利剑悬在人类头顶，人类最终很可能会毁灭于自己之手！这也许就是上帝的安排，或者是大自然规律的无情，战无不胜的人类由于欲望永不满足的弱点，始终走不出利益排他性怪圈，难逃自我毁灭宿命！

从这种意义上看，人类进化和毁灭都是基于同一个动因，那就是欲望。永远不能满足的欲望，造成了追求利益排他性。这种排他性不但造成了人类从动物到“上帝”的突变，也造成了数千年的冲突和争斗，从世界战争、局部战争，到族群、阶级斗争，再到家庭间冲突或者暴力犯罪，利益排他性是一切纷争的源泉。虽然在现代社会中，人类博弈手段出现多元化，除战争外，人们也兼而使用经济、文化手段，也在追求双赢、多赢、共赢，但利益排他性这一基本人性弱点是最难以改变的。

第三节　文明观修正

一、从自然规律破坏者到维护者

太阳公公和地球母亲给予地球生命条件都是平等的。阳光、水、空气和适当温度、气候，包括自然灾害、极端天气以及引起生态大灭绝的冰河期、造山运动、星球碰撞等，无论是泽惠还是灾难，其对所有生物都一视同仁，没有厚此薄彼。地球生物经过多次磨难，不断适应和进化，在此基础上建立起了相互依存的生态系统和食物链结构，依照优胜劣汰的自然规律，在人类出现之前数十亿年不断地自我平衡、顽强发展。这就是大自然的公平，是至高无上的正义。任何种群因过度发展，打破了生物平衡，大自然都会动用其修复功能，消减过度发展，使生态恢复到新的平衡。这种修复功能，也被称为大自然规律。中国古代哲学家老子称之为“道”，“有物混成，先天地生。寂兮廖兮，独立而不改，周行而不殆，可以为天下母”。“道”被认为是大自然的规律，规范着一切，是亘古不变的真理。

就地球生物来说，能生存和延续生命，是不断进化和自我努力的结果。无论是个体还是族群，为了不被消灭或淘汰，就需要不断挑战大自然的平衡。生存发展需求与大自然的公正平衡，形成不可调和的矛盾，是地球生态发展基本动因，也是地球生态进化活力所在。从地球生命出现到生物链形成，始终面临着自然灾害和生存竞争双重考验。许多物种经不住严酷考验而灭绝，幸存下来物种还要在激烈博弈中延续。对于毫无防卫和抵抗灾害能力的植物和低等动物来说，它们处于食物链低端，为了延续物种，只能通过大量繁殖，以数量求生存。对于食物链高端动物来说，它们只有通过强壮的体魄和智力，以自卫或者逃避被猎杀的方式来延续物种。这就是优胜劣汰、适者生存规律。正是这一自然规律，促使地球生物不断进化和自我完善，不断随着地球生态环境演化而进化。在人类出现之前，地球在数亿年间一直遵循着这种发展、平衡、再发展、再平衡的上升式循环之中。

在人类还不能称为人类的数百万年前，或者更久远年代，与生活在森林与草原间的猿猴类并没有区别，都为获得食物和庇护而努力，为逃避食肉动物猎杀而疲于奔命，那时人类或许根本就不会想到有朝一日会统治整个世界，也不敢奢望自己会成为地球生态中心。然而这一切在人类自身努力奋斗下，已经成为现实。目前，人类已经高高凌驾于地球其他物种之上，大自然自我平衡机制对人类也无可奈何。《圣经》中记载的上帝曾用洪水剿灭人类故事也许只是个传说，但即使发生在当下，人类也能够逃避。黑死病之后，人类经历了各种瘟疫：天花、麻风、结核、癌症、艾滋、SARS、埃博拉、塞卡……如果是在之前，上述病毒每一种都会对人类造成像黑死病一样，甚至更严重危害。但掌握了科学技术的人类，都可以将其化解，而且代价越来越小。连大自然和上帝都奈何不了的人类，唯一危险就是来自本身。成功助长了人类的骄傲，从而引发了战乱和污染，这是导致人类自我毁灭的真正原因。

人类进化打破了地球生态平衡，打破了大自然规律。地球生态系统因人类进化而失衡，大自然调节规律也因为人类发展过快而失衡；过去数十亿年专司地球生态平衡调控的上帝也无可奈何，干脆把这一职责留给了人类。

作为生存竞争胜者，人类在成就了地球生态之王地位、具有了上帝能力之后，理应像王者和上帝那样善待和护佑这个世界，但人类却没有摆脱生存竞争养成的丛林观念惯性。由于这种惯性，人类在毫不留情攻击和掠夺野生动植物同时，也以同样方式对待自己同类。这种与自己地位、责任极不相称行为，不仅造成了地球生态灾难，也造成了人类自身灾难。在自然进化过程中，人类面对险恶生存环境，不得不进行以生命、族群延续为代价的博弈，从而养成了丛林规则心态。这种心态是助力人类战胜自然的巨大精神力量，在进化中起了非常积极的作用。但在把竞争目标转向内部时，这种心态消极一面就显示出来了，由此引发和不断加剧的战争和污染，更是引起了人类警觉。

人类在地球生态界地位和责任，迫使人类不得不从自然规律破坏者向自然规律维护者改变，更重要的是要成为自律者。因为自然规律主要破坏者是人类，而维护自然规律主要受益者也是人类，能否有效自律，不仅是维护自然规律的关键，也关乎人类自己的命运。因此，改变源于丛林规则心态成为调整文明观当务之急。从自然规律破坏者向维护者转变，虽然不会经历人类冲破自然规律那样艰难曲折，但更需要战胜自我、需要心灵洗涤，这是人类面临的新挑战。

二、国家中心主义

在人类社会的发展演进中，经历了个人、部落、家庭、家族、民族、国家、国际联盟等不同的利益体阶段。个人始终是各种利益的焦点，受到各种利益主体护佑，同时也为此有所牺牲。在原始社会前期，母系部落其实就是一个以母系血缘纽带连接的大家庭，个人为部落利益牺牲了大部分的自身利益。私有制出现后，父系社会逐步取代了母系社会，父系血缘关系构成小于部落的利益单位——家庭。部落纽带逐步松散，变成亲缘关系；之后以亲缘纽带连接的部落逐步发展，演化为民族和国家。在现代社会中，逐步形成了以家庭为基本经济单位，进而扩展到阶级、民族或国家，更为简单和直接的体现是公民和国家两个基本主体。两个主体之间有密不可分的利益联系，通过复杂宪政体系调整相互间权利与义务关系。

至此，利益主体由个人或家庭演化为国家，国家同时演化出自己的主流思想体系。国家也成为国际竞争主体，并与暴力密不可分，无论是对内还是对外，都依靠强力国家安全，并将暴力与强权置于法制框架之中，赋予了公平与正义。由于个人之间、族群之间、宗教之间、社会阶层之间在能力、利益方面存在差距，因此国家内部并不完全一致。在极端情况下，各个利益团体之间也诉诸暴力解决争端，国家内战、政权更迭、分裂与合并，绝大多数通过暴力完成。国家之间利益冲突，诉诸武力成为首选，国家之间的和平也是在武力为后盾之下的妥协。人类社会形成以来的历史，其实就是一部国家之间征服与被征服、殖民与被殖民、奴役与被奴役、毁灭与被毁灭的历史，是以强权解决国家利益冲突的历史。

人类至此已经把大部分权利交付给国家，在国家中心主义框架下，人类可望获得基本安全和生活保障。随着社会发展，国家中心主义已经提升为国家至上主义，个人与国家之间形成了一荣俱荣、一损俱损密切关系。对国家忠诚、奉献成为国民最高道德，保护公民安全，满足公民生活需求，也是国家立国之本。国家至上主义在历史上造成战争磨难有目共睹，近代从“威斯特伐利亚体系”建立以来，基本上停止了国家间兼并，但并没有消除战争根源。由于国家大小、贫富、发达程度的差距，导致国家之间、族群之间、宗教团体之间、家庭和个人之间实质上的巨大差距，这也是当今国际社会种种矛盾与冲突起因。特别是导致近现代战争、冲突的军国主义、沙文主义、恐怖主义、单边主义、霸权主义等，不时困扰着人类，成为突破国家保护屏障的不安全因素。

考虑到现代国际社会种种矛盾、冲突现状，期望人类淡化国家意识，放弃国家至上主义并不现实。但如果以人类共同命运和利益为出发点，从国家之间合作和共赢入手，在追求共同利益合作方面取得初步成果，进而取得信任，逐步向更大领域和平发展，不失为一条新路。随着社会进步与发展，人类社会有更多共同利益，当共同利益超过局部利益之时，国家至上主义也就失去了存在基础。为此，就需要各国统领者与政治家用足够智慧解决国家内部和国家之间利益冲突问题，努力化解矛盾，力争不再诉诸暴力和强权。此外在思想层面，倡导人类命运共同体、人类与自然生态命运共同体思想，摒弃零和博弈丛林法则，树立合作共赢理念。

三、观念形态滞后

（一）道德观扭曲

人类从农耕社会起，一路从战乱和死亡阴影中走过，然而无论是历史当事者还是旁观者，都不曾流露出对血腥与暴力的遗憾；与之相反，是对胜利者狂热颂扬和追捧。历史就是成功者写就的，把自己定义为正义一方，失败者自然成了非正义一方。正义一方杀戮、掠夺非正义一方，怎么残忍也不为过；反之，非正义一方对于正义一方任何冒犯或者反抗都是大逆不道。这就是人类社会几千年形成的、依附于成功者的历史观，其最大弊端就是蒙蔽了人类心智，泯灭了人类良知，助长了骄傲和自负，使人类迷恋于强权、陶醉于享受而失去自我。扭曲的道德观激励着强权与暴力，催化出更多矛盾与冲突。几千年来人类忙于自相残杀、掠夺，根本无暇顾及地球动植物生存环境，任由其恶化。

人类在成为万物主宰后，本应及时调整观念，修正错误，但人类偏偏在此时迷失了自我。为什么人类在艰难生存状态下能及时调整观念形态，而在成就了上帝地位后反而迟钝了起来？其原因就是在弱势群体状态下，如果不能及时做出改变，就会被淘汰，人类不得不及时变更观念形态以应对大自然的严酷。而如今已经没有了改变的外在动力，人类痴迷于成功，尽情享受，也放弃了对错误观念的修正。

（二）意识形态滞后

意识形态与物质形态密切联系，意识形态产生于物质形态，并受其影响与限制。在二者关系中，意识形态总是落后于物质形态。意识形态滞后，往往使人类对物质世界产生错误认识、做出错误行为，人类也会为此付出代价。虽然在人类进化过程中，人类至上主义和人类中心思想起过非常积极的作用，是战胜恐惧、克敌制胜的精神食粮。但到了人类主宰阶段，这些思想就成了滞后意识，主导人类仍然扮演着破坏者角色，其弊端显而易见。(1) 就地球生态系统而言，已经不存在任何挑战人类至上地位的物种，坚持人类至上主义和人类中心思想已经没有实际意义。(2) 人类的使命是呵护地球生态，阻止其继续恶化，否则生态破坏还将严重损害人类利益。地球生态彻底毁灭，人类也不可能独活。坚持人类至上主义与人类中心思想，只能淡化保护地球生态意识，懈怠人类对地球生态的责任和义务。(3) 在自然界没有敌手的情况下，人类至上主义和人类中心思想又会回归到出发点，重新聚焦人类社会内部，诱发违法犯罪以及国际纷争。

本章结语

建立于暴力与强权之上的文明观，以及人类（包括个人与国家）

至上主义和人类中心的思想，加之人类永不满足的欲望和扭曲的价值观和发展观，是人类社会的“海洛因”，使人类处于兴奋和麻痹之中而不知自我，沉迷于自我毁灭的泥潭而不可自拔。在现代科学技术的助力下，人类自相残杀愈演愈烈，人类自己制造的污染越趋严重。这就是现代社会人类意识形态滞后造成的恶果，其足以摧毁现代文明观赖以建立的基础。人类是时候进行反思了。

通过检讨人类的文明观和发展观，不难发现一个基本的事实：依人类现有的能力、财富和智慧，加之现代科学技术的辅佐，是完全可以战胜贫穷、饥荒和疾病，使世界 80 多亿人口过上小康甚至更为富裕的生活，也完全有能力消除和避免污染，保护地球生态环境不再受到侵扰。但人类为什么不去这样做？而是宁愿拿出近半的财富去发展相互征服和残杀的武器装备，拿出更多的财富去养护庞大的军队、国家机器和政府管理机构。更有甚者，放弃了对污染的治理，任其发展蔓延，以致威胁到了人类自身的生存！人类看来真是病了，以致在观念形态方面出现了紊乱，人类的心灵污染需要清除。为此，需要对人类的思想历程进行一番考察，以期对症下药。

第三章

西方古代思想

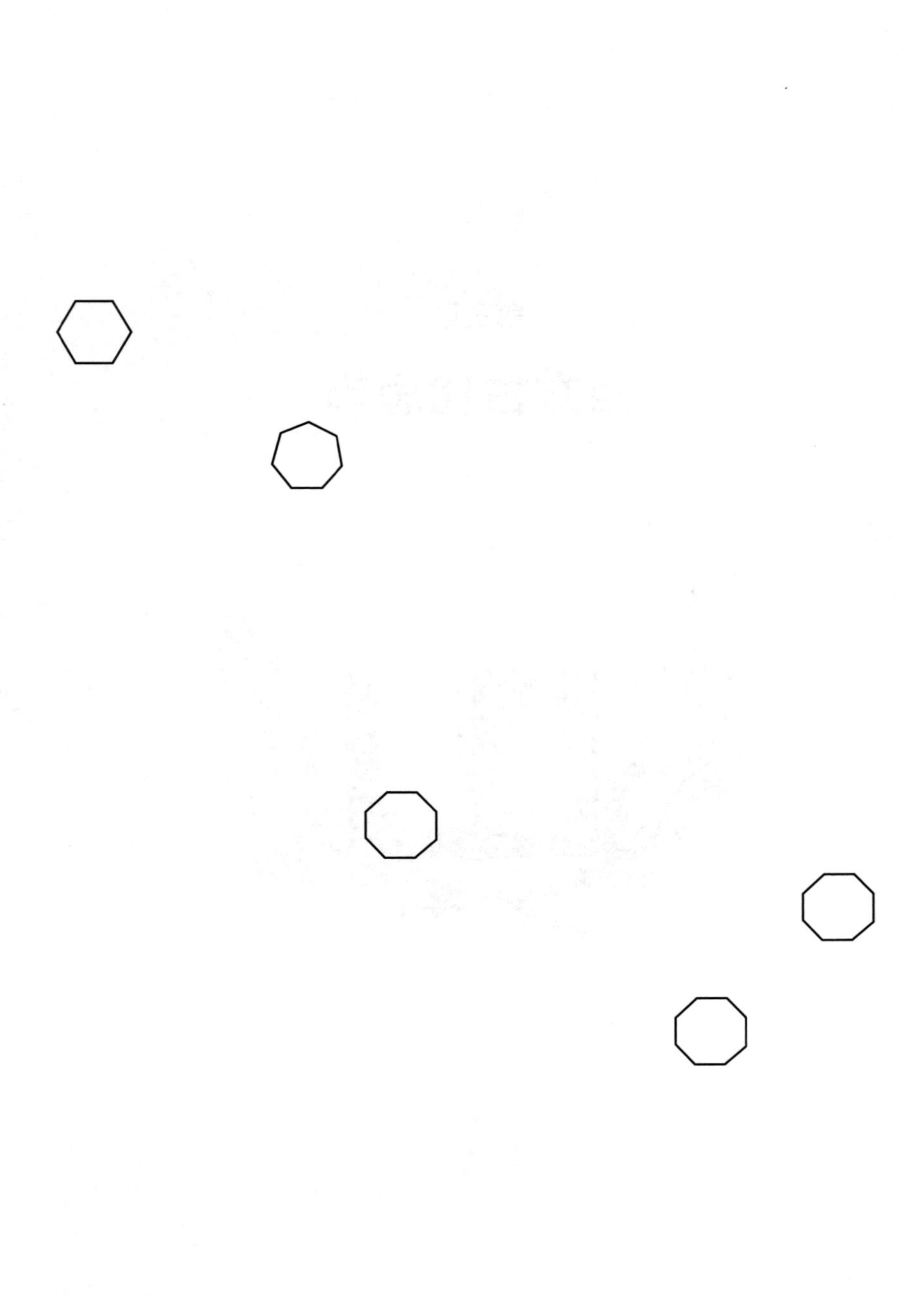

公元前 5 世纪左右，是早期人类思想发育最为活跃时期，也是思想逐步形成体系时代。古希腊哲学思想和中国春秋战国时期诸子百家思想，产生于大体相近的年代，但并无交集。除哲学思想之外，这一时期也是世界宗教思想的起始阶段，包括衍生出基督教和伊斯兰教的古犹太教中兴，印度佛教创立，中国道教起始。

人类思想历程，是在早期神秘主义基础之上，循着几条轨迹发展和传承，它们分别是：源于古希腊的西方哲学思想传承、东方儒释道思想传承和古宗教思想传承。西方和东方思想虽然起始于相近年代，但之后发展道路基本没有交结，思想内涵也表现出巨大差异。宗教思想游离于二者之间，在其独特、非理性、神秘主义面纱下存在和发展。本章所探索的西方思想，时间跨度从公元前 5 世纪到公元 15 世纪，长达 2000 多年。由于西方古宗教文化与西方思想文化有更紧密交流与传承，故西方宗教思想也作为西方文化思想进行研究。

伴随着西方古代激烈战乱与争斗，众多国家生死存亡，其附属的哲学与神学思想也命运多舛。

第一节　古希腊哲学

现代西方哲学家们，多将自己思想溯源到古希腊苏格拉底、柏拉图、亚里士多德的思想上，其实在古希腊时期，哲学思想发展呈多元化趋势，苏格拉底、柏拉图、亚里士多德只是其中一脉，当然也是最有影响的。而古希腊哲学本身，也有一个孕育发展过程，与中国古代诸子百家思想一样，是漫长历史文化的积淀。古希腊哲学延续了约 10 个世纪，包括启蒙、成熟和衰落三个阶段。

一、启蒙阶段

古希腊哲学启蒙与古希腊文明同步。公元前 6 世纪，随着希腊城邦形成，航海、贸易和军事扩张，希腊殖民地面积远大于本土，希腊思想文化影响扩展到地中海沿岸，与此同时，不同民族的优秀文化也反哺着希腊。这些因素使希腊城邦成为思想文化中心，为古希腊哲学产生奠定了基础。

古希腊哲学在启蒙阶段，是从原始神教桎梏中挣脱出来的质朴思维，哲学家们已不满足对神谕盲从，试图用自然原因来解释人类周围现象。他们开始研究构成世界的各种基本物质，如水、空气、土和火等，并且与生命、人格化联系，其所展现的想象力惊人。由于此时哲学家们的研究视野发端于自然现象，因此也被后人称为自然哲学。这一时期各种学派林立，主要代表有：

泰勒斯（公元前 624—前 548 年），认为水是万物的本原，万物生育于水，复归于水。

阿那克西米尼（公元前 588—前 524 年），认为万物之源为气，稀释时变成火，凝聚时变成风、云、水、土和石头。

毕达哥拉斯（公元前 580—前 500 年?），力图用数学来解释世界，同时注重天文研究，认为太阳、地球、月亮以及各行星都围着一个“中心火”运动。该学说几乎与现代天文学擦肩而过。

赫拉克利特（公元前 535—前 475 年），这位与孔子、老子同时代的哲学家，认为宇宙处于永无止息变化中，作出“人不能两次踏进同一条河流”著名论断。赫拉克利特还将战争视为世界存在必要条件，“战争是万有之父和万有之王”。这也是古希腊哲学家首次提出战争正义论思想，使人类战争与掠夺的理由从神谕转化为合理。

埃利亚学派，认为赫拉克利特变化与运动主张是错误的，世界本源是一种抽象存在，因此是永恒的，静止的，而外在世界是不真实的。永恒不变。其 3 个代表人物为：色诺芬尼（公元前 570—前 480 年）用神学观点看待事物，似乎有所倒退；巴门尼德（公元前 515—　）主张本体论，认为事物存在永恒不变，所变的是人之观念；芝诺（公元前 490—前 430 年）试图以辩论方式论证埃利亚学派思想。埃利亚学派也几乎触及现代物理原子理论。埃利亚学派思想被恩培多克勒（公元前 495—前 435 年）和按阿克萨格拉（公元前 500—前 428 年）所完善，两者作为原子论的先驱，为原子论和现代物理学奠定了基础。

二、成熟阶段

古希腊哲学成熟阶段 3 个代表人物是苏格拉底（公元前 469—前 399 年）、柏拉图（公元前 427—前 347 年）和亚里士多德（公元前 384—前 322 年）。在一个多世纪里，经上述三位大师和学生们传承、完善，所形成的思想登上古希腊哲学思想顶峰、成为近现代西方哲学乃至自然科学的源头。

苏格拉底善用讨论方法启发对话人自己领悟哲学道理，其哲学思想是对早期各种哲学观念批判继承。苏格拉底甘于贫困，在临终前还不忘嘱托学生替他还上欠别人的一只公鸡。苏格拉底生性平和，乐为人师，并鄙视那些收费教授思维和辩论术的智者。由于苏格拉底思想既不与保守派合流，也不屈就于自由派，总是对他们持批判态度，因此树敌颇多，其后被异见者控告渎神而致杀身之祸。苏格拉底除了留给后人哲学思想外，他的哲学教育方法“精神助产术”在世界思想教育史上也有重要地位，与东方儒学大师孔子、朱熹的启发式教育异曲同工。

柏拉图作为苏格拉底最好的学生，28 岁目睹了苏格拉底被执行死刑、饮鸩身亡的过程。苏格拉底之死对于柏拉图产生了巨大影响，致使他对当时的政体产生了质疑，这为《理想国》构思奠定了基础。苏格拉底许多哲学思想通过柏拉图著述流传于世，柏拉图在继承了苏格拉底思想精髓基础上，发展了自己的哲学体系，特别是他晚年聚焦于国家、政治与法律的研究。柏拉图《理想国》中的抱负是建立一个合乎道德的、由哲学家和优秀人物治理的国家，并对国民进行良好教育。柏拉图认为唯有哲学家才能担当引领国家重任，“只有哲学家当了国王，或者世间国王与王子都掌握了哲学精神与力量，将智慧与政治领导才能集于一身——不然，国家将难以安然无恙，人类也难以免于灾难”。《理想国》作为一个国家与人间神国梦想，是人类最早关于完美社会的构想，对于后世影响远远大于其哲学思想本身。柏拉图曾得到叙拉古统治者狄奥尼修的支持，在西西里岛推行《理想国》计划，但之后狄奥尼修感到自己权力被削弱而反悔，致使《理想国》试验流产，柏拉图也因与狄奥尼修反目而被卖为奴隶，他的学生安尼克里斯为他赎了身，使他得以在众多学生追随下安度晚年。柏拉图在此之后致力于研究以法律为中心的国家政治体制，死后形成《法律篇》一书，成为西方法制思想的源头。柏拉图于公元前 347 年在一场晚宴后平静去世，最终在人生归宿上堪称完美，超过了他的老师苏格拉底和学生亚里士多德。

亚里士多德得以在柏拉图众多弟子中脱颖而出，除了其自身才华出众，也得益于他伟大的学生亚历山大大帝，最初他被马其顿国王菲利普聘请，担任桀骜不驯的 13 岁的亚历山大的老师，使他有机会搭上亚历山大这架横跨欧亚帝国的战车，从而获得了最为丰富的研究资源，研究视野也更为广阔。亚里士多德学术思想集古希腊人文与自然科学思想之大成，以至被后来西方社会哲学、自然科学家尊为源头和鼻祖。公元前 334 年，亚历山大率军出征波斯时，把自己所有的财富都分给下属，自称只留下了希望。在希望支持下的波斯之战给他带来了无尽的财富和权力，同时也为他老师亚里士多德铺平了所有研究道路。从这种意义上看，当年亚历山大大帝所留下的希望，同时还催生和护佑了亚里士多德的学术思想，给西方世界留下了这宗伟大的精神遗产，其历史意义甚至超过亚历山大大帝的丰功伟绩。

亚里士多德成为古代西方最为博学的思想家，其论著涉及面广泛，以致现代西方诸多哲学、自然科学都在其学术思想里寻根问祖。亚里士多德将哲学分为太初哲学和助理哲学，太初哲学被后人称为形而上学，助理哲学即现代自然和社会学科。亚里士多德形而上学思想是对物质论和理念论的调和，他认为理念不能脱离物质存在，但形式和理念是事物最本质因素；形式和物质相结合，乃产生运动和变化，理念推动物质运动。亚里士多德物理学也是建立在物体运动哲学基础上，但在宇宙天体研究上仍未脱离地心说。在生物学方面，亚里士多德认为肉体和灵魂不可分割，灵魂起着统率和指导作用。一切生物界形成了一个由物质体和灵魂构成的由低级到高级阶梯，人类肉体和灵魂是最高顶层。在心理学方面，亚里士多德认为灵魂表现为知觉、想象、记忆、欲望、情感和意志，依赖于人的存在而存在。在伦理学方面，亚里士多德认为人特殊本质不仅仅是在履行生存、欲望这些植物与动物特征，还在于有理性生活，行使使人成为人的职能；亚里士多德还在伦理学中提出中庸论和至善论，所谓的中庸，就是在两个极端之间唯理选择，例如，勇敢是蛮横和怯弱的中庸，豪爽是浪费和贪婪的中庸，谦虚是羞怯和无耻的中庸。所谓至善是高尚的利他精神，即为别人或者国家利益奉献或牺牲。在政治学方面，亚里士多德主张整体高于局部的原则，国家体制须符合人民特性，认为国家扩张、公民权利不平等和奴隶制存在均具有合理性。

三、衰落阶段

公元前 323 年，在征服了埃及、波斯和印度后，踌躇满志的亚历山大大帝还未从胜利喜悦中冷静下来，在其策划更大的征服蓝图时，却突然离世。亚历山大之死至今是一个谜，不仅带走了他征服世界的梦想，也带走了亚里士多德的好运。之后，马其顿政治力量在希腊遭到清算，亚里士多德也因被控告渎神罪面临死刑，为避免与苏格拉底同样结局，亚里士多德选择了离开雅典，因为在雅典，受到谴责的人有权选择逃亡。亚里士多德逃到了与希腊半岛隔海相望的城邦哈尔基斯。在此，他一下子被边缘化了，从世界巅峰一夜之间堕落到人间底层，巨大反差使他精神崩溃，加之疾病缠身，这位古希腊最伟大哲学家，离开雅典几个月后，在孤独中选择了自己的归宿——服毒自杀，时间定格在公元前 322 年。也是在同一年，亚里士多德的死敌，古希腊最伟大的雄辩家狄摩西尼也选择了自杀。从此希腊失去了最伟大的君主、最伟大的哲学家和最伟大的批评家。伴随着古罗马帝国朝阳冉冉升起，古希腊文明辉煌的历史走向衰落，古希腊哲学光芒也逐渐黯淡下去。

亚里士多德之后，古希腊哲学分化为伊壁鸠鲁主义和斯多葛学派，之后又衍生出怀疑主义与折中主义。希腊城邦之间不断的纷争加速了其衰落。公元前 146 年，罗马军团攻入希腊，罗马人将两个仍然争论不休学派的思想家们连同众多美女、金银财宝一并掳回罗马，并将昔日辉煌的雅典被烧为废墟。崇尚武力的罗马人并没有将希腊哲学作为征服世界的精神武器，但罗马帝国的统治者却有选择地承认了古希腊哲学，或者说容忍了其中与之思想契合部分，例如，伊壁鸠鲁趋乐避苦哲学观，斯多葛派伦理哲学和道德价值观。公元 313 年，罗马帝国西、东两个奥古斯都君士坦丁一世和李基尼乌斯共同颁布了“米兰敕令”，基督教取得合法地位；公元 323 年，君士坦丁一世击败了李基尼乌斯，统一了罗马，基督教被认可成为国教，基督教思想逐步渗透并取代希腊哲学，直到公元 529 年东罗马皇帝查士丁尼关闭雅典的哲学学院，意味着古希腊哲学暂退历史舞台。

直到文艺复兴，尘封 10 余个世纪的古希腊哲学被西方哲学家们从阿拉伯文献中发掘出来，并将其尊崇为现代哲学源头；此时亚里士多德地位飙升，不仅是哲学的先知先觉，还成了现代诸多部门科学的鼻祖。但近代西方哲学家所发掘、整理出的古希腊哲学，已经与古希腊哲学本来面目大相径庭了，其内容不仅与文艺复兴运动下的社会需求相契合，也不乏烙有中世纪阿拉伯思想烙印。

尽管如此，我们还是可以透过扑朔迷离的历史背景了解古希腊哲学：古希腊哲学与古代其他人文思想一样，同当时社会有密切关系——与古希腊扩张主义紧密联系并为之服务。古希腊哲学根植于民族至上与国家中心主义，其本身与强权、扩张捆绑在一起，其主旨思想之一就是认为战争是国家活力与运动基本形式，扩张与侵略是财富源泉。随着亚历山大大帝用铁与血开拓欧亚大陆疆土进程，其老师亚里士多德的哲学思想也发展到了顶峰。而亚里士多德的哲学思想，是支持和动员更广泛希腊国民参与侵略与扩张的精神动力。整个古希腊时期的社会运作模式是：国民依附于贵族或者国家，参与战争、掠夺财产和奴隶；国家在贵族或者国民支持下对内维护贵族和国民权利，对外扩张或者抵御侵略。国民对于国家和战争依赖十分严重，战争胜利了，财富、土地、奴隶就会不断增加；反之，男人就会被杀死或成为奴隶，女人、孩子和财产都会被抢走，为胜利者所有。整个国际社会都在战争机器相互倾轧和碾压之中，妇女生育后代也是为战争养育战士、为生产战争物资养育劳动力。国家以强大的军队为后盾，国民与国家成为一荣俱荣、一损俱损的共同体，这一共同体不仅需要严格等级和奖惩制度维护，也需要思想和哲学为之提供精神支持，古希腊哲学思想，正好契合了这一侵略和扩张需求，成为团结古希腊贵族和国民的精神食粮。

第二节　基督教与伊斯兰教

一、两大宗教起源

基督教和伊斯兰教起源可以追溯到公元前 12 世纪古犹太教，从亚伯拉罕到耶稣，历经 42 代，是希伯来（犹太）民族经历了种种磨难的文化遗产。据《圣经 · 旧约》全书记载，先祖亚伯拉罕移居迦南地后，经历若干代，到雅各之子约瑟被哥哥们偷卖到埃及。约瑟凭借聪明才智得到埃及国王信任，之后整个家族移居埃及，希伯来人在埃及人丁兴旺。但其后代们因无法忍受埃及法老和贵族压迫，在摩西带领下数十万人逃离埃及，在巴勒斯坦立国并征战求存，后经大卫和所罗门父子中兴，一度扫灭群雄，达到历史上最为辉煌的顶峰。所罗门去世后，国家分裂成南北两个王国——以色列王国和犹太王国。两个王国并存两个世纪之久。公元前 722 年，以色列王国被亚述王萨尔贡二世所灭，其王国的民众被迫流亡。犹太王国（希伯来人因此改称为犹太人）又在埃及和新巴比伦之间摇摆挣扎了 100 多年，于公元前 586 年被新巴比伦所灭，其首都耶路撒冷被夷为平地。至此，犹太民族经历了空前苦难，犹太王国由于几度叛逆新巴比伦统治，遭到国王尼布甲尼撒二世疯狂报复：犹太国王西底家目睹了几个儿子被残忍杀害后，又被刺瞎了双眼，用铜链锁着在巴比伦游街；犹太王国民众都被掠为囚徒，史称“巴比伦之囚”。犹太人在巴比伦失去自由，终日从事重体力劳动，直到新巴比伦王国灭亡，才重获自由。犹太人被灭国是一个历史悲剧，但苦难却催生了古犹太教中兴。随着失去祖国的犹太人向全世界扩散，犹太教影响也向全世界拓展。公元前539年，波斯王居鲁士灭了新巴比伦，出于向西方扩张需要，居鲁士对犹太人关爱有加，4万犹太人得以重返耶路撒冷，居鲁士还发还了属于犹太人的数千件金银祭祀器皿。公元前516年犹太人在耶路撒冷建成第二圣殿。波斯帝国的友好和宽容，使犹太教得以发展。这一时期被称作古犹太教中兴，与古希腊哲学、印度佛教以及中国的道教、儒家学说的产生处于同一时期。古犹太教也吸收了波斯帝国琐罗亚斯德教的许多教义，为后来基督教和伊斯兰教产生奠定了基础。

二、基督教创立与发展

耶稣在世时，巴勒斯坦地区是罗马帝国一个行省——犹太行省。耶稣在犹太教基础上创立了基督教，最早教义是由耶稣和他的门徒们口口相传，耶稣的传教行为触犯了犹太祭师们的既得利益，也引起了罗马省督披拉多警惧，他们联手制造了耶稣的死亡。耶稣和两个小偷一起被钉在十字架上，经历极端痛苦后死去。耶稣之死非但没有遏制基督教传播，反而促进了基督教更大范围的传播。耶稣被认为是上帝之子，据《圣经·新约》相关内容的讲述，耶稣是为救赎人类罪恶而降落人间受难，他在死后不久复活，成为上帝在人间的代表。

基督教从创始以来，经历了 4 个主要发展阶段。第一阶段为创始期，也称受迫害期。从耶稣被残酷处死起，历经了 3 个多世纪，基督教徒前仆后继，不畏死亡和迫害坚持传教，直到公元 325 年被罗马帝国承认，继而成为国教。第二阶段为中世纪宗教黑暗时期，即从公元 5 世纪到公元 15 世纪的 1000 余年。基督教会由受迫害者转为行为和意识形态的统治者，同时也是最高学说权威机构。教会通过宗教裁判，迫害不同信仰者，阻碍科学知识传播，不仅剥夺人们信仰自由，还阻碍科学技术进步。第三阶段即宗教改革阶段，从公元 16 世纪起，教会在文艺复兴和人道主义思想背景下，开始了缓慢改革，逐步走向政教分离，基督教也向世俗化迈出了脚步。第四阶段为现代阶段。从 20 世纪初至今，经历了两次世界大战洗礼、冷战，以及苏联解体后的世界政治格局，基督教也经历了本土化、世俗化与现代化过程，适应了世界政治经济格局变化。基督教能在世界各国都有发展、在许多国家成为主流宗教，与这种灵活适应社会的特点密不可分。

公元 395 年，罗马皇帝狄奥多西一世在临终前将罗马帝国分给两个儿子，从此诞生了西罗马帝国和东罗马帝国。西罗马帝国于公元 476 年在内忧外患中灭亡，东罗马帝国则又延续了近千年，于 1453 年被奥斯曼帝国苏丹穆罕默德二世所灭。西罗马帝国灭亡后，取而代之的日耳曼人也对基督教情有独钟，之后基督教逐步成为欧洲占统治地位的意识形态，罗马成为世界基督教中心，公元 445 年，第 45 任罗马主教利奥一世被加冕为教皇，之后以教皇为中心的政治模式一直延续到公元 15—16 世纪文艺复兴，西方史学家称之为中世纪。目前，全世界基督教人口约 23. 8 亿。基督教分化为天主教、东正教和新教。其中信仰天主教的国家主要分布在欧洲大陆和南美，如意大利、法国、比利时、西班牙、巴西、智利等。信仰新教的国家包括英国、美国、澳大利亚、新西兰、菲律宾以及北欧国家。而在德国、荷兰、瑞士、加拿大新教地位与天主教地位相当。信仰东正教的国家有俄罗斯、乌克兰、希腊、白俄罗斯等。

三、伊斯兰教创立与发展

伊斯兰教创立者穆罕默德生于一个贫困家庭，他自幼放牧和在商队打工，直到25岁与富孀雇主结婚，生活状况与社会地位才有了根本改善。之后他隐居潜修，到公元610年，40岁的穆罕默德创立了伊斯兰教；后经过20余年传教活动，到公元622年形成了教徒众多、政教合一的国家体系；又经过10年，穆罕默德统一了阿拉伯半岛，成为伊斯兰教先知和国家领袖。公元632年穆罕默德去世后，进入“四大哈里发时期”，阿拉伯帝国先后征服了叙利亚、巴勒斯坦、伊拉克、波斯、埃及等地。直到公元661年，哈里发时期结束，进入家族王朝时期。在公元661年至750年的伍麦叶王朝时期，继续大规模向外扩张，疆域至西南欧和印度河流域。公元750年，阿巴斯取得了哈里发地位，建立了自己的王朝，一直延续到1258年，被蒙古人所灭。阿巴斯王朝之后基本上停止了对外扩张。1299年建立的奥斯曼帝国，版图扩张到巴尔干半岛和小亚细亚，成为真正横跨亚、非、欧三大洲的大帝国。奥斯曼帝国奉逊尼派。16世纪，在伊朗建立了萨法维王朝，版图到达阿富汗；在印度兴起了莫卧儿王朝，版图几乎覆盖南亚次大陆。至此，伊斯兰教传播达到鼎盛。伊斯兰教早期扩张、挤压的主要是基督教势力范围。

当今的伊斯兰教主要盛行于中东、西亚、非洲、东南亚地区和中国西北和回族聚居区，第二次世界大战后，向欧洲、澳洲、南美以及世界各地扩散，至今几乎遍及全球各个国家，伊斯兰教人口约19亿之多，成为人数仅次于基督教第二大世界性宗教。

伊斯兰教派分化始于公元632年穆罕默德逝世。由于没有子嗣，也没有遗嘱，巨大的政教合一权力真空由穆圣四个弟子兼战友继承，称为四大哈里发。时间分别是：阿布·伯克尔（公元632—634年）、欧麦尔·本·哈塔卜（公元634—644年）、奥斯曼·本·阿凡（公元644—656年）和阿里·本·艾比·塔利卜（公元656—661年）。“四大哈里发时期”，伊斯兰教完成了阿拉伯半岛统一，但围绕着穆罕默德继承问题，开始了教派分化，支持前三个哈里发的教众，形成了逊尼派，约占伊斯兰教众的80%以上，分布在伊斯兰世界大部分地区；支持阿里的教众，形成了什叶派，主要在伊朗和中东一些地区。除了逊尼派和什叶派外，早期伊斯兰教派还有两个小分支，即哈瓦利吉派和穆尔吉埃派。伊斯兰教两大派别，除了对于继承人有分歧之外，均认可穆罕默德基本教义。但具体对教规解释和遵从程度，以及教徒戒律、生活规范还有较大区别。

如果我们认真研读一下《圣经》与《古兰经》，就会发现与古犹太教渊源关系是多么密切。基督教与伊斯兰教对《圣经·旧约》部分均认可，不同的是：基督教认为耶稣是上帝的儿子；伊斯兰教认为耶稣只是其中的一位先知，与亚伯拉罕、摩西和穆罕默德是一样的。而穆罕默德是上帝挑选的最后一位先知，伊斯兰教不否认《圣经》，但认为《圣经》在历史上被多次修改而失真，《圣经》一定要以上帝最后赐予穆罕默德的《古兰经》为准。

第四节　中世纪宗教文化

在中世纪，基督教与伊斯兰教有一个共同之处是两者一直是精神和政治双重统治者。所不同的是，基督教是以罗马教皇为中心，通过欧洲各国教会网络，控制各国国王，或者与之达成政治上妥协。各国国王要经过教会加冕，才能取得合法统治地位，尽管在中世纪国王与教会不断产生冲突和战争，但教会总体统治地位没有变。而伊斯兰教则不同，其政教合一更为紧密，在伊斯兰国家，政治多数依附于宗教。此外，不同于欧洲基督教国家各自为政，以中东为中心的伊斯兰教国家，是大一统的，虽然也有分裂的时候，但多数情况下是以一个大帝国出现于世界舞台，在几个鼎盛时期，曾几度建立起横跨亚、非、欧三大洲的强大国家，其教育与科学文化也发展到前所未有的程度。另外，在传播方式上，伊斯兰教与基督教也有差异，基督教传播是靠数代护教者们前仆后继，用生命和毅力，自下而上渗透到社会各阶层；而伊斯兰教传播是直接以国家军事征服为前导，自上而下实施的。

一、基督教神学

在基督教框架下，中世纪经院哲学家将神学和哲学糅合到天衣无缝，成为统治欧洲10余个世纪主体思想。在神学统领下的中世纪哲学，有选择地传承了古希腊哲学中唯心主义思想，并将其置于神学羽翼下，使其具有更多的神学色彩，因此中世纪哲学被称为经院哲学。与古希腊哲学思想不同，经院哲学直接抛弃了哲学逻辑思维，认为基督教真理无可争议，并以此为哲学起点和出发点，他们力图通过古希腊哲学使基督教真理顺情达理，在基督教教义所划定范围内，哲学可以自由发挥，随意解释世界。反之，背离神学就要面临封杀，哲学家和自然科学家一样，都要受到审判和惩罚。“为了完成任务，他们依赖那些最能适合于他们心中的目的希腊哲学体系，让哲学为宗教服务，于是哲学成了神学的婢女。”

经院哲学分为早期、中期（鼎盛时期）和晚期（黑暗时期）。早期代表是护教者学说与奥古斯丁的神哲学，中期的代表是托马斯·阿奎那和约翰·司各脱，晚期唯名论再次兴盛和神秘主义流行。

（一）早期护教者说

这是伴随着基督教成长的学说，把基督教从追随者见证宣传上升到理性认知。与耶稣同时代的斐洛将古希腊哲学中逻各斯学说与犹太教救世信仰融合，“太初有道，道与神同在，道就是神”。逻各斯被认为是上帝的智慧和言辞。之后两个多世纪里，众多基督教护教者、殉道者力图使希腊哲学与神学融合，引导人们信奉“三位一体”的上帝（圣父、圣子和圣灵），上帝既是世界万物创造者，也是理性与至善化身。宣传人类信仰上帝，从事善举，是洗刷原罪、自我救赎唯一途径。护教者学说对促进基督教传播和向统治阶层渗透，最终被罗马统治者接受起了重大推动作用。

公元 323 年成为罗马帝国国教后，基督教不再受压迫、受迫害，成为国家宗教，与哲学结合也更加紧密。此时最有影响的宗教哲学家是奥古斯丁。虽然奥古斯丁出身于半基督教家庭，他本人也是 32 岁才皈依基督教，但在随后 40 多年里，担任教职的奥古斯丁以非凡才智发展了基督教学说，赋予了深厚哲学底蕴。奥古斯丁的神哲学思想，使基督教完成了华丽转身，由信仰必要性转为信仰合理性，从哲学角度论证了上帝的至善和无所不能。人类是上帝最高创造物，是灵魂与肉体的结合，人类最高伦理就是靠爱与上帝的至善融合。人类善良意愿是自由的，选择爱上帝和善行是得到上帝救赎的前提。奥古斯丁神哲学思想为中世纪的经院哲学奠定了基础。

完成经院哲学早期到鼎盛时期过渡的，还有一个承上启下的人物，他就是出生于爱尔兰的希腊主教约翰·司各脱（810—877？年）。司各脱把神学和哲学等同起来，认为基督教教义是理性发现，是由教会传播的真理，上帝被赋予至高无上的本质。

（二）上帝被洗脑了

公元 12 世纪末至 13 世纪初，罗马教皇英诺森三世时期，教会权力达到顶峰，教会被尊崇为上帝代理人、天启真理泉源、教育监护人、道德检察官、文化和精神最高法官、天堂门户掌管人。教会凌驾于国家之上，如同月亮反射太阳光辉。在这种背景之下，经院哲学发展也到达鼎盛时期，被后世思想家们认为是一种凌驾于国家之上的思想，其作用已经超越了思想，成为权力、财富、社会地位的条件与权贵的仪仗。也就是说，只有熟练掌握了经院哲学内涵的人，才有可能加入统治阶层俱乐部。然而中世纪经院哲学也并不像西方舆论所称的那样糟烂不堪。

我们不妨对经院哲学集大成者，托马斯·阿奎那思想进行一番盘点。与半路出家的奥古斯丁不同，托马斯·阿奎那（1225—1274 年）可谓根正苗红的天主教世家子弟，他曾游学于各教派，博采众长，成为一代经院哲学大师，1323 年被教皇二十二世尊为圣徒。

托马斯生平与成吉思汗（1162—1227 年）几乎擦肩而过，在他生活的年代正值蒙古骑兵在西亚、东欧攻城略地。从 1241 年蒙古大将拔都打败波兰、日耳曼，踏平匈牙利，军逼威尼斯，1257 年旭烈兀攻陷巴格达，到 1260 年怯的不花被埃及忽都思打败，蒙古旋风才在意大利家门口停下。既不知上帝为何人，也不信奉伊斯兰教的蒙古人，依靠“长生天”信仰指导，建起了横跨亚欧大陆四大汗国，是对偏安于西欧的教皇帝国巨大的外部威胁。除此之外，教会权力一直处在被世俗君主政权削弱状态，这对教会权威产生了更为致命内部威胁。这些都对托马斯经院哲学产生了深刻影响，也是迫使经院哲学从神秘主义走向理性主义的巨大推动力。

如果说之前教会哲学还被神秘主义包裹得严严实实，托马斯·阿奎那则是剥开这层神秘面纱的天使。他采用了亚里士多德方法和理念，推演出“哲学是由事实到上帝，神学是由上帝到事实”著名论断。上帝其实是代表了最高哲学思维，对上帝超理性信仰，是一种意志，而不是哲学问题。这种把哲学和信仰分开理念被广泛接受，也为中世纪经院哲学发展开拓了广阔空间。

托马斯的经院哲学，一度被西方学者解读为维护中世纪宗教黑暗统治的思想武器，其实有失偏颇。托马斯作为一代神学思想宗师，对人类思想进程最大贡献就是把上帝从神秘存在推到理性存在；将亚里士多德等哲学大师的思想冠之以上帝名义，从而使古希腊哲学思想在中世纪得以发扬光大。既然上帝是全能的“三位一体”，那么上帝作为全人类，甚至超越人类的最高智慧主体也是理所当然，是教皇、主教们乃至全体基督教信众们不二的信念，也是中世纪人类思想主旨。托马斯高明之处就是使全能上帝思想里装的是亚里士多德等哲学先知的智慧！从这层意义上看，中世纪经院哲学经托马斯发展到达鼎盛，同时也使西方从古希腊开始的哲学思想传承在中世纪得以延续，此时西方哲学被冠以上帝神谕，而不是亚里士多德的思想，然而这还重要吗？与其说是上帝被托马斯洗脑了，还不如说是上帝本来就是这样，亚里士多德或许就是全能上帝的使者。

二、中世纪阿拉伯伊斯兰文化

由于地域独特优势，阿拉伯伊斯兰文化注定要吸收东西方文化诸多优秀成分。包括希腊哲学、自然科学，罗马政治学，波斯历史、文学、艺术，印度数学、天文学、医学、宗教哲学，以及中国古代四大发明。上述外来优秀文化，与阿拉伯、伊斯兰文化原有历史文化传统，构成了中世纪阿拉伯伊斯兰文化，与欧洲中世纪文化相比，阿拉伯伊斯兰文化更具包容性、前瞻性和实践性。

阿拉伯伊斯兰文化可谓博大精深，其对人类思想的贡献包括：（1）哲学，他们将亚里士多德哲学思想世俗化，并调和哲学与宗教，使哲学为信仰服务；(2) 自然科学，包括以“日心说”为基础的天文学、历法、三角几何学、圆周率、地理学，并将中国四大发明应用并推送到欧洲；(3) 文学艺术，包括著名的《一千零一夜》故事、绘画、雕刻与建筑艺术等；(4) 物理、化学、医学，包括光学研究、制造药品和玻璃器皿、炼金术等。

阿拉伯伊斯兰文化的另一巨大贡献是成就了古希腊哲学思想向现代社会传承，阿拔斯王朝兴起的“百年翻译”运动，对古希腊、古罗马以及东方文献进行大量翻译、研究，不仅给帝国发展增加了活力，也使这些人类文化遗产得以保留。阿拉伯伊斯兰文化对现代欧洲文明发展曾产生巨大影响。恩格斯在《自然辩证法》一书中指出：“阿拉伯人留传下十进位制、代数学的发端、现代的数学和炼金术；基督教的中世纪什么也没留下。”黑格尔也认为，阿拉伯人获得亚里士多德的哲学的意义在于：西方由此才知悉了亚里士多德，正是阿拉伯人对于亚里士多德作品的译注，才使其成为现代西方哲学的源泉。美国前总统尼克松在《抓住时机》一书中写道：“当欧洲还处于中世纪蒙昧状态的时候，伊斯兰文明正经历着它的黄金时代，——几乎所有领域的关键性进展都是穆斯林取得的。——当文艺复兴时期伟人们把知识的边界向外开拓的时候，他们之所以能眼光看得更远，是因为他们站在穆斯林巨人的肩膀上。”

本章结语

古代西方思想历程并不是一帆风顺或者一脉相承的继承与发展关系，而是随着跌宕起伏的社会变迁而发展和修补。几个文明之间并没有必然的联系，无论是古埃及、古巴比伦还是古希腊，似乎都是从远古一枝独秀发展起来，相互鲜有融合，随着该文明衰落又戛然而止。

古代西方哲学和宗教思想进程，虽跨越了2000余年，但仍不是一个完整的承上启下体系，而是随着社会动荡有许多断裂和交叉。起始于公元前6—前5世纪古希腊哲学思想，到公元6世纪初随着罗马帝国关闭哲学学院而终结。起始于公元1世纪的基督教思想，在公元15世纪的文艺复兴中退出政治舞台。起始于公元7世纪的伊斯兰教思想，至今仍在少数国家维持着政教合一体制。虽然古希腊哲学与基督教思想没有渊源关系，但中世纪基督教神学逐步将其融入神哲学框架之中，特别是公元12世纪后，上帝思想几乎被希腊哲学所取代。公元8世纪阿巴斯王朝“百年翻译”运动，将古希腊哲学思想保留了下来，传承给近代西方哲学家。而基督教和伊斯兰教的形成，虽然相隔了6个世纪，但都起源于公元前6世纪形成的古犹太教。

西方古代思想虽然断断续续传承，但没有影响其战争思想延续。动物或者古代人类生存竞争所适用的丛林规则，在农耕社会起成为国家之间竞争规则。起源于国家丛林规则的古希腊哲学，所服务的都是强国政治和战胜国利益。源于平民意识的基督教思想，自下而上渗透到统治阶层后，形成新的排斥异己的战争文化，国家丛林规则在中世纪演变成为宗教国家的竞争规则。

第四章

中华文明思想

春秋战国时期（公元前770—前221年），是中华民族思想文化最活跃的阶段，这个时期产生的诸子百家思想，与古希腊哲学产生时间几乎相同。中华民族思想历程还可以向前追溯2000多年，即公元前26世纪黄帝时期。那时历史只是靠人们口口相传，其中有些在后世被文字化，如阴阳五行说、易经八卦等，是在春秋之后文献中记载的。春秋战国时期诸子百家中最有影响的应为儒家学说、道家学说和法家学说。此外，中华文化在广义上还应包括起源于同一时期的印度佛教文化，佛教在汉代传入中国，与儒家文化、道家文化并存与融合，逐步形成融合“儒释道”思想精华的中华文化。许多外来文化，或被中华文化所包容，或被吸收同化。中国历史上，不乏外族入侵和国内分裂，但均没有挡住中华文明发展与传承步伐。

第一节　儒家学说

一、儒学创始期

儒学在诸子百家思想中最有影响力，占据中国古代主流文化地位。从孔子（公元前551/552—前479年）创立，经过孟子（公元前

372—前289年）等的完善，经历了公元前213年秦始皇“焚书坑儒”低谷期，到公元前134年在董仲舒（公元前179—前104年）推动下，汉武帝“罢黜百家，独尊儒术”，奠定了国家主流文化地位。儒学从创立到“修成正果”，经过近400年时间，与基督教从创立到成为罗马国教所经历时间大致相同。儒学并不是一蹴而就，从孔子开始，2000多年里一直处于不断发展与完善之中。儒学本身就是一种开放、包容的学说，这是它保持活力的原因。儒学是从春秋战国时期孔子开办私立学校，培养“士”阶层人才开始，在孔子教学语录基础上，由其学生整理并形成了儒家思想经典《论语》等。孔子奠定的儒学基础，之后由孟子、荀子予以完善。

（一）孔子

孔子办的学馆可以说是中国最早的“干部学校”了，学校所教“六艺”（礼、乐、射、御、书、数），孔子办学之前只是在宫廷中向贵族传授学问，由孔子开始教授给平民学生，且不论其出身。作为当时唯一从民间培养官员的学校，可谓鼎盛一时，“弟子三千，贤人七十”。弟子们将孔子讲学内容收录了下来，形成文字流传于世，这就是《论语》。《论语》内容涉及道德、修养、学习、礼乐、政治、人格修养诸多方面，成为当时为官者必修课。孔子一生“述而不作”，带领弟子四处游学，在实践中教学，与古希腊哲学家苏格拉底十分相似。孔子学术思想内涵广泛，包括仁、义、礼、智、信、恕、忠、孝、悌等，其核心是仁政和忠恕，“己所不欲，勿施于人”，“己欲立而立人，己欲达而达人”，仁政以礼仪为规范，“克己复礼为仁”。治理国家，主张德主刑辅。教育方面，主张“有教无类”，“学而不厌，诲人不倦”。孔子独特的教学方式，奠定了儒学基础。

（二）孟子

孟子出生时，孔子已经离世近百年了。孟子与孔子有类似的经历，都带着学生周游列国。由于儒家仁政思想并不能满足当时各国统治者扩张或者自保需要，因此普遍受到敬而远之的“礼遇”。例如，公元前323年孟子到了魏国，魏王由于受到秦、齐、楚几个大国夹击，太子战死，丧失数百里土地，因此向孟子请教御敌之策，孟子只讲了一通仁者无敌道理，别无他法，令魏王大失所望。可见在当时群雄割据的历史条件下，孔、孟儒家思想并不能帮助君主们解决实际问题，他们所需要的是孙子的兵法，苏秦、张仪的合纵连横谋略，以及廉颇的神勇，蔺相如的外交智慧。怀才不遇的孟子，在周游了列国后，终于在六十多岁回到老家，专事教育和著述。《孟子》一书，后与孔子《论语》齐名，成为之后中国历代王朝培养官员的基本教科书。孟子的主要思想是性善论、仁政学说，以及以仁、义、礼、智为中心的伦理道德观。孟子把孔子开创的儒家学说系统化，形成了完整思想体系，故后世儒者把孔、孟齐名，共同尊为儒家思想创始人。

（三）荀子（公元前313—前238年）

荀子出生于战国后期，曾游学于各国，晚年定居楚国，专事著书，其著作《荀子》内容涉及广泛，包括思想方法、政治、治学、处世之道等。荀子对儒学思想有所创新。例如，他反对孟子性善论，认为“人之性恶，其善者伪也”；认为自然规律可以认识，“天行有常”，“列星随旋，日月递炤，四时代御，阴阳大化，风雨博施，万物各得其和以生，各得其养已成，不见其事而见其功，夫是之谓神；皆知其所以成，莫知其无形，是之谓天”。此外，荀子还对儒学礼义给予精辟解释：“礼起于何也？曰：人生而有欲，欲而不得，则不能无求，求而无度量分界，则不能不争。争而乱，乱则穷。先王恶其乱也，故制礼义分之，以养人之欲，给人之求。使欲必不穷于物，物必不求于欲，两者相持而长，是礼之所起也。”荀子批判地继承并发扬了儒家思想，而且接触到了唯物主义真谛，是中国古代思想史上一个伟大的突破。然而在后世儒家思想发展中，荀子思想反而被边缘化了，这也许是因为他太过明白，过早揭示了人性真谛、披露了大自然规律，而这些并不是统治者所需要的。荀子另一历史闪光点就是培养了两位法家思想家，即韩非子（公元前280—前233年）和李斯（公元前284—前208年）。韩非子在荀子思想基础上，接受了法家思想，将战国末年几位法家的思想集于一身（商鞅的“法”、申不害的“术”、慎到的“势”），形成法家思想体系。李斯是法家思想的实践者，协助秦始皇统一了中国，统一文字、货币、度量衡，“书同文，车同轨”。李斯官至丞相，是使法家思想成为国家统治意志的第一人，其实践法家思想的时期也是法家思想在中国古代历史上仅有的辉煌时期。

也许是法家治理体系过于强硬；也许是秦始皇国家工程（长城、驰道、运河、宫殿和陵墓）过于浩大，导致国力耗尽，民不聊生；或者是二者皆有的原因，庞大的秦王朝从统一到灭亡仅存14年。公元前208年，李斯也因宫廷内斗被陷害身亡，与李斯一同陨落的还有秦朝法制。两年（公元前206年）后秦朝灭亡，取而代之的汉朝，继承了秦创制的中央集权制度，但法家思想已不被统治者重视，以前被压制的诸子百家思想又重新活跃起来。出于休养生息需要，以无为而治、道法自然为标志的道家学说（黄老思想）在汉初风行一时，之后经过半个世纪和平发展，汉朝逐步恢复了元气。公元前140年，汉朝已经有了较好的经济基础，在儒家学说又一继承人董仲舒推动下，当时的统治者汉武帝决定向不断侵扰国家的匈奴开战，并推行“罢黜百家，独尊儒术”。至此，儒家思想在之后2000余年，一直活跃在中国政治舞台中心。生前只短暂做过鲁国司寇（相当于大法官）的孔子，死后地位被逐代抬高，直到人生巅峰，被尊为“圣人”“万世师表”“大成至圣先师”“文宣皇帝”，连各朝历代皇帝们也要每年祭祀，其盛况是孔子生前做梦也不敢想象的。

二、儒学发展

儒家学说发展历史上，还有两位尊师级人物，他们就是南宋朱熹和明朝王阳明。他们的思想代表了儒家学说两个重要发展完善的节点。

（一）朱熹（1130—1200 年）

1127 年，宋朝首都东京汴梁被金国攻破，中国历史上很有文采的皇帝宋徽宗与其子宋钦宗双双被俘，延续 167 年北宋王朝灭亡。之后由钦宗弟弟赵构建立了南宋王朝，在与金朝对持中存在了 153 年，最后金朝与南宋双双被大元帝国所灭。宋高宗赵构领导的南宋，只求偏安一隅，为了自保和安逸而不惜牺牲英勇作战的岳飞。1142 年岳飞以“莫须有”罪名被处死后，赢得了后世敬仰，被尊为民族英雄。反观南宋王朝各代统治者，皆被历史冠之以懦弱、腐败之名。然而重文轻武、积弱不堪的南宋，却孕育出中华民族历史上又一个伟大的思想家、教育家——朱熹。

朱熹出生在徽州婺源（今江西），成长于国家动乱年代。天资聪慧的朱熹 5 岁时读《孝经》，立志于“若不如此，便不成人”。从小就对“格物”感兴趣的朱熹，相传 6 岁时就问其父朱松“天上何物？”“天何所依？”已是儒学大家的朱松无从对答。在朱松安排下，朱熹师从当时著名理学家陈颢、陈颐，并在二陈理学基础上，博采众长，形成自己的理学体系。中国古代理学，已经很接近现代哲学思维了。朱熹理学思想对元、明、清三代影响很大，并成为官方哲学。朱熹一生著书多达数十部，其主要著作《四书集注》成为明、清两代科举教科书。清朝康熙皇帝称朱熹是“集大成而绪千百年绝传之学，开愚蒙而立亿万世一定之归”，可见朱子在中华民族思想史上之地位。朱熹理学思想主要包括：

（1）理与气。朱熹认为理具有两个方面含义，即“所当然之则”，“所已然之故”，即天理必然性和人道当然性，人道当然性应服从天理必然性。“天地之间有理有气，理也者，形而上之道也，生物之本也。气也者，形而下之器也，生物之具也。”朱熹理与气说，类似于现代哲学精神与物质，是对儒家学说“天人合一”“存天理，灭人欲”思想的诠释。

（2）格物与知行。格物致知被朱熹赋予了重大历史责任，《礼记·大学》有载“古之欲明明德于天下者，先治其国，欲治其国，先齐其家；欲齐其家者，先修其身；欲修其身者，先正其心；欲正其心者，先诚其意；欲诚其意者，先致其知；致知在格物。”“言欲致吾之知，在即格物穷理也。”由格物所认识的理，既包括天道必然性，也包括人道当然性。朱熹的知行思想，已然涉及现代哲学中认识与实践问题。在知先行后还是知行互发上，朱子自己也纠结不清，这道作业题只好留给一百多年后出生的王阳明了。

（3）心性与修养。朱熹认为理与气的关系在人身上表现为性、情、心的关系，性与情都是由心主导。人之善与恶都发自于统领性与情的心。根据心对承载善与恶的思虑所萌生的状态，心态有“已发”和“未发”两种情况。朱熹认为在恶的思虑“未发”之时，人可以通过“静中涵养”来修正。而所谓涵养，就是“存天理，灭人欲”自我修为过程。用现代人观念看，其实就是调整自己思想和行为，遵从普遍道德规范、顺应自然规律。

由此可见，朱熹理学思想已经非常接现代社会哲学思维模式了，这是对儒家思想的提升、发展和完善。儒家思想从孔子开始，经历了1500余年历史风雨，在朱熹手上开始了哲学化蜕变。在理学之外，朱熹不忘“格物穷理”初衷，对于所接触的任何事物都要深入探究，大到天文地理，小到花草苗木，其“格物”对象无所不穷其视野。“格物”的结果，使朱熹学问研究拓展到天文地理、农牧学气象等领域。假如朱熹先生有一个像亚历山大大帝那样的学生，相信他对博物学贡献会胜于亚里士多德。

朱子不但推动了儒家思想哲学化，还积极推动了儒学教育。他除了修订《四书集注》，撰写大量儒学文献外，还利用几次做官的机遇，积极推动办县学、州学，创建武夷精学、考亭书院，重建白鹿洞书院、岳麓书院等。除此之外，朱子还亲自讲学，与其他思想家们广泛交流，与不同流派辩论（鹅湖之会），开启了学术研讨先河。

（二）王阳明（1472—1529 年）

与朱熹不同，王阳明处于明朝社会稳定时期。书香门第使王阳明从小受到儒学系统教育；初入仕途，王阳明受到当朝宦官迫害，客观上给了他历练与修为的机遇；复出后，王阳明不但精通儒、释、道，还是一个善于统兵打仗的将军。王阳明虽然没有像董仲舒那样成为一代帝师，但其文治武功不输历代大儒。

后世学者们多认为王阳明“心学”思想是在汲取了儒学、佛学和道教精华基础上建立的；但实际情况是王阳明从笃信儒学，效仿朱子格物失败后，才转而研究佛学、道学，又感到二者过于超脱而弃之，黄宗羲先生称“其学凡三变而终得其门”。王阳明实用主义色彩的“心学”思想，是立足于儒学根基，从朱熹理学出发，或者是名朱（熹）实陆（九渊），并不露声色吸收了佛家“佛性”、道家“天合”而自成体系。王阳明心学理论被社会各阶层普遍认可、广为传播，“心学”主要内容包括：

（1）心即理，理即良知。心学中心是心，此心并不是“肉团之心”，而是一个高度抽象概念，“吾心及物理”“万物根源总在心”，由心感受万物。王阳明心学乍一看具有唯心主义色彩，但王阳明却又认为心与天地万物“同体”，人们在感知万物瞬间，体悟到“心”与“万物”一体。既然心与万物融为一体了，那么心也属于物的范畴了。王阳明关于心的观念，是从他“格物”不达所得，既然心与物同体，那么探究心便可知物，王阳明心学重点遂转向“格心”。心究竟为何物？王阳明认为是“良知”，“良知之学，不明与天下几百年矣。蔽于见闻习染，莫知天理在吾心，而无假于外也”。“良知是天理之昭昭灵觉处，故良知即天理。”“良知”不仅被认定为天理，更被推崇为辨别是非的标准，造化万物的精灵，“天地万物，俱在我良知发用流行中，何尝又有一物超越良知之外”。

（2）致良知。良知人人有之，能否达到“致良知”，是圣人和常人分水岭。圣人者，“只在其心纯乎天理而无人欲之杂”；而常人者，“经常为私利物欲等尘垢染污障蔽”。王阳明所倡导致良知，其实就是儒学“存天理，灭人欲”。王阳明提出通过“明心返本”修养方法达到致良知，不断自我“省察克治”，与孔子的“克己复礼”异曲同工。

（3）知行合一。针对朱熹在知行问题上纠结不定，王阳明果断提出知行合一。“君子之学，何尝离去事为而废论说？但其从事于事为论说者，要兼知行合一之功，正所以致其本心之良知。”知与行不是静态同一，而是动态认识与行为的统一，是“本然形态的良知”通过行为与“明确形态的良知”“合一”。知行合一不但是王阳明心学目标与归宿，也是一项行为科学。

王阳明心学以及知行合一思想，成为后代官吏乃至帝王们学习与实践的指南。王阳明在儒学中地位与孔子、孟子、朱熹并列，可以说在之后数百年中，再无来者！王阳明将儒、释、道思想巧妙地结合为一体，不仅使中华民族传统文化更上一层楼，更重要的是打通了社会各阶层、各信仰群体之间壁垒，增强了中华民族本身凝聚力。

儒家学说得以发扬光大的另一个有力推手就是科举制度，该制度始于隋朝，在唐、宋两朝得到完备，在明、清两朝发展到极致，历时1300余年。儒家学说经典，成为科举制度考试内容，儒学自然也成为科举考试必读教科书。孔子提倡的“学而优则仕”成为一代代有抱青年希望之路。欲做官必读儒家书，做官后也要遵循儒家思想理政，儒家思想也就自然成为社会主流思想了。然而为什么科举考试内容选择了儒家，而不是道家或者法家？这也是历史和自然选择结果，不是由哪个帝王好恶决定。因为儒家思想虽然不适于打天下，但更适合于守天下。试想如果秦始皇在统一六国后像汉武帝那样对儒家思想情有独钟的话，司马迁《史记》就会是另一种写法了。

第二节　道学与道教

一、道学渊源

老子生于公元前571年，传享年百岁。其著作《道德经》只有5000余字，却成为印刷量在全世界仅次于《圣经》的读物，可见其影响之大。相传孔子曾两次向老子问道求学，老子对年轻自己20岁的孔子不吝赐教，孔子自觉受益匪浅：“学识渊深而莫测，志趣高邈而难知；如蛇之随时屈伸，如龙之应时变化。老聃，真吾师也!”可见道学与儒学的渊源关系。儒学的“存天理，灭人欲”与道学的“天人合一”，基本内涵一致，儒学注重个人修养，通过“克己复礼”，成为服务于统治者的优秀官吏；道学重在揭示人与自然的生存规则，“人法地，地法天，天法道，道法自然”。儒学更具实用主义色彩，追求儒学者，前面是一条“学而优则仕”坦途，不仅可建功立业，还可光宗耀祖；而道学由于看破了自然规律，反而逃离社会现实，以不齿于争权夺利为荣。相传老子留下《道德经》后，骑驴西出函谷关而去，而庄子更是坚辞丞相。中国进入封建中央集权社会2000多年来，儒家思想多处于主导地位，道家思想多处于从辅地位（或者说外儒内道）。

道学在2000多年的中国社会中，除了对儒家思想潜移默化影响之外，在民间有更广阔基础，其逐步形成实体，即道教，是我国几大宗教中唯一起源于中国本土的宗教。道教在中国和东亚具有广泛影响，成为中华民族文化一个分支。

二、道学

道学之所以被深深打上中华民族烙印，是因为道家思想由来已久，并不是从老子开始，老子只是集大成者。道家思想应该是伴随中华民族精神文化一路走来，从传说中龙马献给伏羲河图，神龟献给大禹洛书，到周文王作《周易》，这些文献都属于道家思想范畴。传说伏羲得河图后演绎出两仪、四象、八卦以及阴阳五行；而洛书也被传大禹以此来治水而获得成功。后世公认河图、洛书的数理蕴藏了揭示世间万物规律的密码，但至今无人能够破解，或者说诸多解释均不具说服力。《易·系辞上》载："河出图、洛出书，圣人则之。"可见古人对河图、洛书的敬畏。《周易》也称易经，传说是周文王在神农的《连山易》、黄帝的《归藏易》基础上修订而成，后经孔子对《易经》研究与修订，并作《易传》，将《易经》与《春秋》《诗》《书》《礼》《乐》并列为儒家经典的"六经"。《周易》卦辞具有很深的哲理和辩证思维，历代中国学者哲人们都试图发掘其内涵，追寻中国古代思想源头。

相比儒学，道学传承更直接和系统。特别是发展为道教后，其将阴阳五行和八卦作为图腾，对《易经》的解释更是回溯到远古神灵时代，蒙上了浓厚的神秘主义色彩，游离于世俗社会和宗教之间。道学虽然也有短暂进入政治主流的辉煌（如汉初），但大部分时间是活跃于民间，除了官方或社会认可的道教之外，还有众多的外围组织，所谓“旁门左道”。

老子之所以被尊为道教始祖，成为世界文化名人，是因为其所著《道德经》中蕴藏了深邃的哲学内涵。虽然后人对该书是老子口授还是亲撰有争议，但都不影响其思想文化价值。古今中外思想家、哲学家都无不为之折服。鲁迅先生称“中国之根柢全在道教”。于润德先生认为老子的《道德经》，系中华生命文化之精髓，“大道智慧湛然若水、德普人间”。《道德经》通过其精练的文字、严密的逻辑，在短短5000余字中包含了宇宙万物之规律和广泛的人文、社会知识，并深入浅出，得到不同时代、不同层次人群普遍认同。然而《道德经》的内容也不是万能治世之道，有其短板——无为而治政治理念和温和统治手段，解决不了世界几千年来乱世纷争问题，也不适用于动荡时代国家治理。但这也似乎揭示了老子思想超前性，也许到了共产主义社会，物质财富极大丰富，人们各尽所能，物质按需分配之时，才是老子无为而治思想得以充分发挥之日。

三、道学传承

道家学派创始人是老子，但其渊源可以追溯到黄帝，而小老子202岁的庄子，是道家学派另一位大师级人物。庄子名周（公元前369—前286年），战国时期宋国人（今安徽蒙城）。与春秋战国时期诸子不同的是，庄子除了对道家学说作出巨大推动之外，还是一位伟大的文学家，他把道家思想与寓言故事巧妙结合在一起，其许多作品流传至今，例如，“邯郸学步”“东施效颦”“朝三暮四”“庖丁解牛”等，至今脍炙人口，妇孺皆知。庄子本身一些故事也体现了他与众不同的道家个性，例如，“知鱼之乐”“庄周梦蝶”“鼓盆而歌”等。庄子虽不像孟子、朱熹、王阳明那样有自己的新思想，使学派思想发展到新的高度，但庄子通过其独特文学手段，对道家学说在民间传播起了巨大作用，也为汉初统治阶层接受黄老思想奠定了基础。道学一度被称作黄老之说，也被称为老庄哲学，可见其渊源关系。更为有趣的是，作为儒家思想另一个大师级人物孟子仅年长庄子3岁，生于同时代，距离也不过几百千米的二人却没有任何交集，这不能不说是一个历史遗憾。但如果想象一下，连一人之下、万人之上丞相地位都不屑一顾的庄子，怎么会看得起只会空谈“仁者无敌”的孟子呢？可见“庄孟会”不成或许不是孟子之过，最大可能是庄子的高傲所致。

汉初黄老思想，是以轩辕黄帝和老子思想继承者自居的治国理政思想体系。在黄老思想主导下，经过近半个世纪的和平发展，汉朝得以恢复元气，史称“文景之治”。到了汉武帝刘彻时期，由于国力恢复，汉朝已发展成为东亚最强大国家；于是其不再容忍匈奴和周边国家蚕食，回归了尚武精神。在一批战将统领下的汉军，北伐匈奴、屯兵河套，匈奴被碾压到肯特山、贝加尔湖；东征、南讨，疆土恢复到东海、南海之滨。与此同时，黄老思想也让位于儒家学说。黄老思想主导文景之治，也使道学在历史上唯一一次成为国家主流思想。虽然从历史上看，唐代贞观之治、明朝洪武之治、清代康乾盛世，都与道教不无关系，但彼时道家在政治舞台上已经让位于儒家，已经化为“内用黄老，外用儒术”了。

到了隋唐时期，道教被尊为国教。特别是唐朝，由于唐朝李姓皇族自认为是老子李耳后人，老子被唐太宗李世民封为“大道元阙圣祖太上玄元皇帝”。唐太宗父子（李世民和李治），都因服用过多道家“仙丹”中毒身亡而不悔，可见其对道教笃信程度。唐朝对其他宗教和诸子百家思想也都持宽容态度，特别是佛教与儒家思想，在唐代也得到广阔发展空间。但此时宗教已经基本不介入国家政治活动，而是作为国家治理者帮手，在精神层面规范人们的思想。

元代由于道教全真派丘处机真人与成吉思汗在中亚历史性会见，丘真人不仅“一言止杀”，停止了蒙古大军杀戮，也博得了成吉思汗信任，被委任为国师，掌管天下道教。74 岁丘处机老爷子不远万里中亚之行，不仅奠定了道教在元朝国教地位，也为元朝对中原统治奠定了文化基础。从这一历史角度看，成吉思汗会“放下屠刀，立地成道”可能不仅仅是被丘道人一席话感动，而是出于一个政治家远见卓识，出于统治整个中国战略考虑。毛泽东主席诗词曾称其“只识弯弓射大雕”，似乎低估了铁木真的政治智慧。

道教与中华民族发展息息相关，道学和道教在 2000 多年历史中，与儒学、佛学以及其他宗教、文化相互融合，与时俱进，共同构成了中华文明的思想传承。

第三节　佛教

一、佛教起源

佛教起源于公元前 6—前 5 世纪古代印度文明，当时印度有两三百个小诸侯国，其中有一个位于今尼泊尔境内的迦毗罗卫国，其 29 岁太子乔达摩·悉达多（公元前 565—前 486 年），因感悟到了众生轮回，舍弃王位出家修行，苦行 6 年，领悟了人生与宇宙万物真谛，创造了佛学，悉达多被称为佛陀。佛在梵语中意思为醒着之人，佛陀就是具有大智慧的觉者。佛陀被后人尊为释迦牟尼佛祖，佛祖在世讲经说法 49 年，其语录被其弟子口口相传，后被记录下来，整理成为佛经。佛经在后世不断流传和完善，形成当今数目庞大的佛教经典。佛陀生在种姓制度盛行的印度社会，佛陀平等思想、缘起轮回理论显然是对种姓制度的挑战。佛陀传经活动虽然没有像耶稣那样牺牲了性命，但也是异常艰难困苦，包括弟子背叛、各种鄙视与诘难、几乎饿毙，即使其到了晚年，在印度普遍认可佛教的情况下，佛陀也因教派之争而不堪其扰。佛陀在79岁时离世，结束了自己舍弃王位后坎坷的一生。同耶稣一样，佛陀去世后随着佛教传播成功，本人也被神化，几百年后被尊为释迦牟尼（如来）佛祖，在中国的《西游记》里更被描绘成无所不知、无所不能的万神之神，居住在西方极乐世界，教化万物，为世人扶危解困，其品行和能力远远超过了古希腊神话中的宙斯。

公元前269年，印度孔雀王朝第三代国王阿育王经过激烈的宫廷内斗，杀死近百位与自己竞争王权的同父异母兄弟姐妹后登上王位。阿育王在登基后10余年，凭借武力统一了印度。公元前261年，在征服羯陵伽国时，屠杀10万名俘虏，双方在战争中死伤数十万人。目睹如此惨烈的血腥屠杀场面，连铁血无情的阿育王也被震撼了。因此，在统一了印度后，阿育王真的“放下屠刀，立地成佛”了。此事件在佛教历史中影响空前，类似于基督教在创立后300余年被罗马帝国尊为国教，佛教也在悉达多创立近300年后迎来了阿育王的认可，佛教成为国教。佛教成为印度国教后，并未排斥其他宗教，相反，佛教还以德报怨，对过去并未善待自己的婆罗门教、耆那教予以宽容和捐助。印度在阿育王统治的41年期间，发展成一个空前强盛的帝国。由于阿育王对佛教的尊奉，印度全国修建数千座庙宇、佛塔，编辑大量佛教经典，佛事活动频繁，佛教在此期间发展到了历史上最为辉煌的时代，佛教也对印度思想文化发展作出巨大贡献。辉煌一时的孔雀王朝在阿育王去世15年后开始凋零，此后不到半个世纪便灰飞烟灭，印度又恢复了诸侯国割据时代。但被阿育王推上国教地位的佛教却显示了巨大生命力。阿育王之死，带走了佛教鸿运，佛教从此与印度国教地位告别；但佛教并未因孔雀王朝灭亡而灭亡，而是遍及全印度，并向国外传播。之后佛教在国外传播和影响甚至超过了印度本土。

二、佛教的教义

佛教分为小乘和大乘，小乘是原始修行方法，主要注重修行者个人解脱，释迦牟尼佛被认为是一个最优秀、最有德行的修行者，一个能仁圣者，强调“人无我”；大乘佛教注重“慈悲普度”，释迦牟尼佛也被认为是一个无所不能、无所不知神的化身，强调“法无我”。除此之外，佛教还有诸多宗派，如三论宗、法相宗、天台宗、华严宗、禅宗、净土宗、律宗、真言宗八大宗派，之下还有诸多小的宗派。佛教自称八万四千法门，与其他宗教相比，除了宗派林立外，其经典数量最多，质量也最好。

佛教理论可以分为两个大体系：一是关于因果与修行伦理方面，二是关于生命与宇宙真相方面。与基督教和伊斯兰教相比较，佛教教义更具伦理和辩证哲学思维，因此有人认为，佛教经典本身就是哲学著作。佛教影响除在中国外，还包括泰国、缅甸、马来西亚等东南亚国家和韩国、日本等东北亚国家，佛教在欧美国家主要存在于亚裔人口中。信奉佛教的人口也应有 5 亿多。

三、佛教在中国

早在秦始皇时期，就有拆除佛教庙宇记载，但此时佛教还不能称为宗教，因为其信奉者信奉生死轮回和缘分，所以被当作术士。在西汉末年与东汉时期，人们翻译了许多佛教经典，著名的有《四十二章经》

《四谛经》《楞严经》《般舟三昧经》《华严经》《维摩经》等数十部佛教经典。建立了白马寺等大量庙宇，许多西域大德高僧来汉朝译经、讲经。之后在魏晋南北朝时期，分裂的国家并未影响佛教的传播，此期间最有影响的要数鸠摩罗什法师，他为隋唐时期的佛教繁荣打下坚实基础。在唐代，佛教在中国发展到鼎盛，特别是通过玄奘大师取经与译经，佛教经典形成完备的汉语体系。唐朝另一特点是儒、释、道都得到巨大发展，形成并存和互补关系，唐朝经济繁荣、文化发达与此不无关系，在中华民族的思想史上堪称典范。在宋代和明代，佛教进入守成期，佛教在民间也有了较大发展。

中国佛教在历史上逐渐分化为汉传佛教、南传佛教和藏传佛教。最早西藏佛教与文成公主有关，公元 641 年，文成公主入藏，在她和尼泊尔尺尊公主（松赞干布的另一个妻子）影响下，松赞干布皈依了佛教，与其后代赤松德赞、赤祖德赞积极推动佛教在西藏地区发展。然而，200 年后，发生了朗达玛灭佛事件，佛教受到残酷打压，寺庙被毁，文成公主和松赞干布也被诋毁。后又经过一个世纪，佛教才再度从西康和卫藏地区传入，并结合原有佛教根基，形成了近代藏传佛教。1652 年，清朝顺治皇帝为五世达赖册封。藏传佛教自清朝以来被尊为国教，之后历代达赖喇嘛都要受到清朝中央政府册封。

第四节　中华文明精髓

5000 多年中华文明，是人类社会一直保持完整的一份历史遗产。中华文明许多灿烂元素，如关于道德修养、哲学思想、社会治理等，是未来文明观的构建基础。中国特色社会主义核心价值观，就是在中华文明基础之上，中国革命实践与马克思主义理论相结合的产物。

一、大学之道

“大学之道”是中国古代的主流道德规范。具体内容包括：“格物、致知、诚意、正心、修身、齐家、治国、平天下。”这是一套从目的到行为，再从最初的行为推演到终极目的的严密道德逻辑。这是中国几千年从帝王到平民都能接受的基本道德规范。

（一）格物

格物就是通过对事物外部现象全面了解和研究，达到认识其本质特征和基本原理。[①] 朱熹认为格物要“博学之，审问之，慎思之，明辨之”，格物要务求穷尽，由近及远，由浅入深，由表及里。格物具有明确目的性，即致知。

（二）致知

就是对事物认识达到“心物一体”。从内心认识到事物本质以及相关背景情况，致知通过格物而得，二者是正比例关系，格物越深入，致知越全面。虽然从理论上说，致知永远达不到“心物一体”境界，致知似乎永无止境。即使是现代社会，在各种科技手段帮助下，人类对于事物认识仍然处于无限接近状态。人类致知目的，就是了解自己的行为对象。王阳明将知行合二为一，从而排除了“为致知而格物”所格出大量无用知识，直接成为“为行为而格物致知”。

（三）诚意

即不自欺欺人、真实自我，要表里一致、严于律己。诚意被认为是衡量君子与小人的标准：君子即使没人监督，也要遵守道德，即所谓“慎独”，即所谓“非礼勿视、非礼勿听、非礼勿信、非礼勿动”“己所

---

① 宋代理学家程颐：“格犹穷也，物犹理也，犹曰穷其理而已也。”

不欲勿施于人”。而小人在公共场合遵守道德，在独处或者人后肆意妄为；在上级面前阿谀奉承，在下属面前唯我独尊。诚意不仅是格物致知前提，也是基本道德修养。

（四）正心

即专心致志、全心全意修身。其一要端正心态，心无旁骛，认真做事；其二要公正无私，不因好恶袒护喜欢之人短处、抹杀厌恶之人优点。

（五）修身

修身是择善而从，博学于文，约之于礼。由于人的本能和社会性，修身其实是一个与人的本能与外界诱惑不断博弈过程，孔子的“克己复礼”，儒家学说中“仁义礼智信”都是以修身为基础，墨子的“贫则见廉，富则见义，生则见爱，死则见哀”，荀子的“隆师亲友，好善不厌”均为此。公权利拥有者，更应在四个方面修身：“一修山容海纳之怀，二修纳谏如流之聪，三修贴律奉法之表，四修大中至正之性。”修身以修德为首，修智次之，德才兼备是修身的理想结果。

（六）齐家

“家和万事兴”，人类进入私有制社会后，共产主义生活方式仅在家庭中保留了下来，作为社会最基本单元的家庭，不仅承担着成员生活的职责，也承担着成员的文化道德教育、人际关系协调和养育、教育后代的任务。“齐家”是“修身”和“治国”的桥梁和纽带。如果连齐家都不能完成，治国必然失败。“一家仁，一国兴仁；一家让，一国兴让；一人贪戾，一国作乱。”家庭成员教育好了，社会才能安定，国家基础才能稳固。

（七）治国

就是将齐家经验和品德扩大到国家治理。治国者尊老爱幼，公正无私，以民为本；爱民众所爱，恶百姓所恶；应视德行为根本，财富为末端。国家不把财富作为利益，而把仁义作为利益。治国者首先是一个具备优秀德行的齐家者，其次又是优秀德行的先行者、示范者，想民众所想，将仁义重于财富的完人。

（八）平天下

经过修身、齐家与治国所达到的弘扬德行的目标，即“明明德”。在民众中普及道德规范，提升国民整体道德素质，形成人人守道德、全民讲礼仪的社会氛围。

二、中庸

中庸之道的根本是“中”与“和”，“喜怒哀乐之未发，谓之中；发而皆中节，谓之和。中也者，天下之大本也，和也者，天下之达道也。致中和，天地位焉，万物育焉”。所谓的“中”，就是面对喜怒哀乐，要有隐忍不发稳定心态，不仅要保持定力，面对波澜而不惊；还要有保持冷静思维和敏锐判断力；所谓“和”，就是要把握好节度，平衡各方利益与情感，争取共赢、多赢。“中”被认为是天人合一根本，而“和”被认为是天人合一最高境界。只有“中”与“和”达到极致，即中庸的最高境界，才会有国家稳定、社会和谐、万事顺畅、万物繁育。

中庸思想与方法被认为是至上的真理——天命。“天命之谓性，率性之谓道，修道之谓教。”孔子认为中庸是最高德行，“中庸其至亦呼！”而这种最高德行只有君子才能把握。君子把握了中庸之道，可以做到适中无过；如果中庸之道被小人利用了，反而会肆无忌惮，贻害社会。柏拉图在《理想国》设计中主张由哲学家担任国王，或者退而求其次，把国王培养成哲学家，这与孔子的主张有相近之处。不同之处是孔子所注重的是培养一个国家治理团队——用中庸思想武装的君子群体，当然也包括最高统治者在内。以儒家思想为中心的中国古代，一直把重心放在如何培养国家治理团队上。因此中庸思想体系，其实是一个教育体系，用来劝导、指导人们去理解中庸的基本原理，将中庸上升为最高的道德规范，不仅是天人合一，也包括了鬼神与圣人合一。“故君子之道，本诸身，证诸庶民；考诸三王而不谬，建诸天地而不悖，质诸鬼神而无疑，知天也。百世以俟圣人而不惑，知人也。事故君子动而世为天下道，行而世为天下法，言而世为天下则。”所指的就是根据中庸之道去自觉约束自己，规范自己行为，进而普及天下，被百姓所接受，并经得起历史考验，知天意，达人理，使行事遵从道德，行为成为典范，言语成为真理。

中庸思想理解起来并不复杂，入门做起来也不难，但最难的是持之以恒，成为统治者的个人品行，成为国家治理阶层的行为规范。孔子认为这是很难做到的，需要不断地自我修养。“天下国家可均也，爵禄可辞也，白刃可蹈也，中庸不可能也”，可见其高难。修成中庸之道需要：（1）修身、事亲、知人、知天；（2）五达道，即处理君臣、父子、夫妇、兄弟和朋友的五种关系中要符合礼仪道德；（3）三达德，即智慧好学、仁爱礼仪和勇于自省；（4）遵从治国九经：修身养德、尊重贤德、亲近族人、尊敬大臣、体恤下臣、爱民如子、招引工匠、结交远客、安抚诸侯。此外中庸之道还要求凡事都要有预案，不打无准备之仗；要诚实守信、博学、勤问、慎思、明辨、笃行。

在西方思想史上哲学被认为是一种认识世界的方法论，而中国古代的中庸哲学却是作为一种改造世界的方法来应用，同时被作为处世的人品、道德规范的一个分支。中庸之道对世界的认识，也被归入另一个道德修养的范畴——修身，即从格物开始，上达致知，再上达诚意，继而上达正心的四个层次才能达到的高级境界。可见中庸哲学的修养也不同于西方哲学所注重的对认识世界方法的探求，其所注重的是认识世界的人的高素质和由高素质的人在实践中认识和把握真理。中庸修养被赋予了近乎完美的人格标准，不仅品德高尚，也是最为睿智和诚实的。而中庸哲学的集大成者，就是在完美修身后投入齐家、治国、平天下的国家精英。

三、礼制

礼制并不是一项单纯社会管理制度，而是融道德教养和社会管束为一体的社会治理体系，并辅之以“乐”。在礼制下，“德主刑辅”，即主要使用道德教化来规范人们行为，使大多数人诚实守信、遵纪守法，只有在例外情况下才对不自觉或蓄意破坏者使用法纪手段，加以遏制和规范。中国秦朝曾经是纯“法制”国家，之后各朝代虽然在上位时注重用法纪约束军队、提升战斗力，但在取得统治权后都沿用“礼制”，随着朝代更迭，礼制被发展成集天命、道德、舆论、教养与管理制度为一体，完整而复杂的社会治理体系。

礼制占据了人类道德制高点，被赋予了天地万物元气同步的至高境界，《礼记·礼运》有载“事故夫礼，必本于大一，分而为天地，转而为阴阳，变而为四时，列而为鬼神，其降曰命，其官为天也”。礼制被认为是天地和自然规律在人间的反映，是源于天命，运行于人间，包括人类社会生活各个方面，像肌肤汇合、筋骨相连一般将人类社会巩固和团结起来。孔子对于礼制的评价是：“安上治民，莫善于礼。”

中国古代的“礼制”，不能单纯与现代社会的“法制”相对应和比较，礼制除了具有制度规范功能外，还兼具道德规范功能，国家通过道德对于大多数人进行约束，从而只对于少数不守道德者实行刑律约束。“礼不下庶人，刑不上大夫。”过去一直被认为是一种封建社会司法不公的阶级歧视，其实是没有认识到礼制在社会治理中积极一面。在礼制体系中，德与刑是两个极端，德处于首选的高端，刑处于备选低端。德从最高统治者帝王向下辐射，规范社会高层、中层；刑从社会最底层向上辐射，规范社会底层、中层。所谓“礼为有知制，刑为无知设”，“德主刑辅”。刑罚作为道德的补充，可以覆盖到道德不能达到的社会层面；反之，在道德规范能够所及的社会层面，道德教化是优先的考虑。

推行礼制也是一项统治艺术。礼是统治的权柄，用来明辨是非，敬畏鬼神、考察政绩、甄别诚廉；刑是统治的底线，用来惩治奸邪、消除恶劣。如果礼制不守，就会导致官员背叛、窃权，国家危险；如果刑制严厉，就会导致民风败坏，官场衰败、民心离散。虽然总体上是德主刑辅，但在具体推行时应根据现实情况灵活处置，把握好各自的用度，以顺应社情民心。统治者还要善于用人，用人之智慧而去其诈伪，用人之勇敢而去其暴怒，用人之仁爱而去其贪欲。统治者仅凭统治艺术还不够，还需了解人之七情十义，让民众知道遵守礼制的利弊得失，方可以自愿选择实施之。所谓人之七情，即高兴、愤怒、哀苦、恐惧、欢爱、厌恶、欲望；这七种情绪，人生来就有，不需要学习。所谓人之十义，即人的十种良好品行，包括父慈、子孝、兄良、弟悌、夫义、妇听、长惠、幼顺、君仁、臣忠；这十种品行，需要学习和教育才能养成。治理国家，就是要通过礼制教育来控制人七种情绪，修炼人十种品行，建立起信用和睦人际关系，遏制争夺杀戮。特别是人之七情，都藏于心灵深处，只有通过礼仪才能将其遏制或者矫正。孔子所说“克己复礼”就是如此。

第五节　中华文明涅槃

一、中华文化的生命力

在中国古代，军事上强大的民族绝大多数是文化与经济落后的，例如，击败炎帝而入主中原的黄帝；打败商纣王的周武王；击败六国统一中国的秦始皇，以及几乎摧毁欧洲文明的成吉思汗蒙古大军，还有入主中原、建立清王朝的东北亚女真人部族，却无一不融入中华文明之中。为什么中华文明非但没有被毁灭，反而吸收融合了其他民族文化？这不只应归功于中华文明强大生命力和突出的包容性，更应归功于中华文明深邃文化内涵，那就是儒、释、道三种文化的有机融合和升华。

儒家思想与道教都是产于同宗同源的中华本土文化，二者从公元前5世纪就在历史舞台上形成相互交融、默契相处的关系。历史上二者和谐相处的时间远大于相互争斗，中国历史上那些国泰民安的盛世多与儒、道和睦有关。佛教传入中国后，由于本身的谦和柔性，加之原有儒道两家思想包容性，三者很快达成和睦。随着不断增加的佛教经典翻译流传，三者很快就进入了水乳交融状态。佛教思想也成了中华文化的一个重要分支。

（一）儒、释、道思想普惠性

虽然由于认识世界角度不同，儒、释、道三种思想对于宇宙起源，人的本性和对世间万物认知以及处置行为存在差异。但落实到人的修身养性，其基本出发点是相同的。儒家思想核心是仁、义、礼、智、信；道家思想是上善若水，从善如流；佛家思想是修身养性，止恶从善。也就是说，就个人道德修养而言，无论遵从儒、释、道哪一家的路径，只要诚实、认真去做，都可以达到完人结果。儒、释、道思想这一共同点，对于多民族融合、拥有不同阶层的中国社会来说，是非常必要的。它们为不同族群、社群和阶层的人提供了修身养性途径，借用一句现代广告词，就是“总有一款适合你”。一个人不论出身如何，社会背景如何，受教育程度如何，贵到皇族贵胄，贱到流民乞丐，甚至罪犯匪患，都可以从儒、释、道思想不同层面找到向善的希望和出路。

（二）儒、释、道思想的互补

从西汉末年算起，佛教进入中国已有2000余年历史了。儒、释、道思想融合和互补关系更是成为维护中国政治、经济和社会秩序稳定的精神支柱。儒家通过积极完善自我、进取，忠君、廉洁，通过建功立业，实现自我的人生价值和社会价值。道家与儒家相反，信奉出世哲学，倡导“道法自然”“天人合一”“无为而治”，虽然也主张自我完善，但对治理国家和社会主张“顺其自然”的消极态度，个人超脱于社会甚至逃避社会。而佛教则主张“以出世思想，做入世事业”的修行观，更注重个人品行，“诸恶莫作、众善奉行、遵守戒律、心灵安定、运用智慧”。在为社会作贡献过程中实现人生价值的最大化。由此可见，中华文化是将儒家的进取文化、道家的规律文化和佛家的奉献文化有机结合，不仅可以相互补充，还使社会各个层面都不留文化死角。

（三）儒、释、道思想的包容性

古代中华文明并不缺乏精神文化食粮，从上古黄帝传承到诸子百家争鸣，从法家治国到独尊儒术，从外儒内道到儒释道融合。上至国家治理，下到百姓家教，形成一个全方位的精神文化体系，渗透社会各个角落；不同社会阶层的人，都可以在其中找到自己的精神家园，找到自己的思想同类。在这种文化背景下，任何外来人群，无论是个人还是群体，无论是占领者还是访问者，都会为之折服，由敌视、不理解到理解，由效仿到学习，进而成为规范行为和思想准则。从历史看，即使是像元朝、清朝这样完全由少数民族统治的国家，也只经过几代人，就逐步融入中华文化之中。

二、中华文化的短板

评价中华文明，有一个绕不过去的问题：为什么在中国5000余年历史中，也有近半时间在战乱中度过，会有 10 余个王朝更迭的痛苦过渡。特别是在近代世界工业革命大潮中，成了国际社会的弃儿、落后的象征。由此可见，中华文明跌跌撞撞走过的数千年，虽然勉强保留着自己的文化传承，但本身也存在着巨大短板。

（一）佛性遏制了斗争精神

在国家关系和社会治理中注重道德力量，强调“德主刑辅”，不同于西方暴力统治模式，这种在中国古代大一统社会形态下可以发挥优势的社会治理模式，却并不适合在动荡、分裂社会形态下的政治博弈。于是我们看到，每当中国古代王朝更迭，儒家思想总是被冷落。而新的王朝一旦建立和稳定，儒家思想又重回统治地位。这种现象在 2000 年来一直不断重复，只不过儒家思想为核心的儒、释、道思想体系愈加完善。但这种完善并不能有效遏制王朝的逐代衰落，一旦遇到社会矛盾激化或者外部强权入侵，佛性的治理体系就显得软弱无力，王朝更迭成为必然。

（二）保守遏制了创新和进取

保守是中国古代社会最大软肋，也是制约社会向前发展的最大障碍。中国古代虽然长时间占比世界经济近半，但这主要是因为社会相对安定和得天独厚的自然条件，而不能解释为是社会制度所赐。墨守成规的社会治理体系，三纲五常的道德规范，虽然对于社会的稳定极具帮助力，但扼杀了社会创新和进取精神。父辈永远是子女的老师，人们遵循着代代相传的规范生活。这也可以解释中国古代如此成熟的社会状态下，甚至在出现与欧洲工业革命产生类似条件下，为什么没有出现工业革命。

（三）封闭遏制了国际交流

同样也是由于中国优越的地理气候，以及藩属国众星捧月般的朝觐，培育出人们骄傲自满甚至“夜郎自大”心态。人们自诩为“天朝上国”，视周边国家为“蛮夷”，导致了故步自封。特别是近代的清王朝后期，闭关锁国政策实施，直接错过了世界工业革命的发展机遇。1840年的鸦片战争和50余年后的甲午战争，不但摧毁了清王朝200余年的国力，也摧垮了中华文明的自信。数千年引以为傲的儒、释、道思想，突然成了落后的谈资。

（四）自我循环的经济体制

自给自足、自我循环，是中国数千年农业经济的主要特征。从家庭开始，到村庄、县府、省再到国家，构成一个个封闭的经济循环的圆圈。虽然有较强的抗击打能力，却阻断了经济的流通和技能的交流，从而使人们缺乏创新力。

三、中华文明与马克思主义相遇

西方史学界普遍认为古代文明中仅存的中华文明是历史奇迹，其实是误解，因为中华文明不同于其他古代文明的基本特征就是其具有道德哲学和社会实践的双重根基。虽然与世界各大古代文明不乏共同之处，但中华文明的高明之处在于将其融入道德和哲学之中，甚至融入音乐教化之中，形成了集“儒、释、道”为一体的独特思想文化体系，以及建立其上的“礼制”国家治理体制。中华文明因而也练就了巨大包容性、灵活性和实践性，保持了其顽强生命力。

马克思主义诞生的19世纪40年代，正值中国近代磨难的开端，二者似乎没有什么必然的联系。然而当半个世纪后，马克思主义随着苏联十月革命的炮声传入中国时，中国正陷在推翻帝制后新一轮军阀混战的磨难之中。有人曾嘲笑毛泽东靠《孙子兵法》和《三国演义》两本书打天下，其实毛泽东博古通今的程度超过了历史上许多儒学大师，同时，毛泽东对于马克思主义的领悟也与众不同。毛泽东能领导中国人民取得革命胜利，是马克思主义的普遍真理与中国革命的具体实践相结合的结果。而毛泽东对于中国国情、民情的理解，与他具有强烈的民族情怀、对于中华文明的深刻造诣分不开的。除毛泽东之外，中国共产党第一代领导集体，也大都是受过中国传统文化熏陶的马克思主义信徒。虽然在战争年代，人们更崇尚对旧有体制的破坏，也排斥传统偶像，但中华文化的深厚底蕴已经根植于第一代中国共产党人血脉之中，是除了马克思主义理想信念外助力中国革命成功不可忽视的精神力量。

本章结语

中华文明数千年一枝独秀发展和存续，并非偶然，而是具有历史的必然性和合理性。中华文明最早可以追溯到农耕文化的初期。一个万年不倒的文明，像一个滚动的雪球，不断吸纳外来民族的加入，融合并不断壮大自己，这就是中华文明不同于西方古代文明的特别之处。数千年传承的中华文明，虽然受到社会形态的束缚，仍不失为一笔巨大的人类精神财富。中华民族的历史上鲜有侵略和扩张，版图的扩大多是民族融合的结果。四大文明古国，中国是唯一得以完整存留下来的，包括文字、思想与道德伦理，经过几千年的不断完善和与时俱进的革新，形成了自己的体系。相比古代西方哲学服务丛林规则的思想，中国古代思想略显保守、温和，更注重精神的力量，推崇“道德教化”，信奉“仁者无敌”。如果说西方古代的哲学与宗教思想更具破坏性的话，中国古代“儒释道”合一的思想文化体系则更具有建设性。在此基础上形成的以儒家思想为中心的一整套社会治理体系，虽然2000余年来经历了10余个朝代的更迭，但没有出现西方式的文化断代，也没有影响其相互继承和完善。

中华文明的佛性特征、保守和自我封闭，以及自循环经济的弱点，使其无法超越自我，劳动技能进步缓慢。社会在慢动作中前行数千年，终于被工业革命后的西方超过和全面碾压，不仅失去了民族自尊、自信，也导致中华文明的思想宝藏在近代被雪藏。

作为人类文明宝贵遗产的中华文明与人类社会最先进思想的马克思主义终于在20世纪“会师”了。中华文明一贯秉承的开放与包容，以及博大精深的思想与文化内涵，与马克思主义的科学性、先进性、前瞻性相结合，将会使马克思主义扎根于中华文明的沃土，吸收其精华；也将会使中华文明焕发新的生机，对建立和完善中国特色社会主义核心价值观产生积极的影响，也将在中华民族伟大复兴、构建人类命运共同体的历史进程中发挥巨大作用。

第五章

近现代西方思想

第一节　文艺复兴与近代西方哲学

一、文艺复兴的动力

由文艺复兴产生的一系列社会变革，包括宗教改革和工业革命，使西欧迅速崛起。文艺复兴带有强烈的反中世纪宗教思想文化意识，所复兴的就是以古希腊哲学为代表的思想文化。文艺复兴受到 3 个因素的强力推动。（1）欧洲世俗国王和领主们，他们与以罗马教皇为代表的教会积怨甚深，矛盾发展到不可调和的地步，例如，1080 年德国国王亨利四世废黜教皇的行动；1303 年法国国王腓力四世逼死教皇卜尼法斯八世，并在随后 70 年里控制教皇的任命。（2）科学技术和商业需求。教会和宗教裁判所对科学的压制和对科学人才的迫害，从 1524 年哥白尼《天体运行论》被罗马教会列为禁书，到 1600 年布鲁诺在罗马鲜花广场被宗教裁判所施以火刑，到 1632 年伽利略被迫放弃日心学，向教会屈服。欧洲科学家们经历了类似耶稣和他的门徒们，以及众多的护教者在 1500 年前所受的种种迫害和屈辱。然而由于欧洲旺盛商业需求，促进航海探险业不断发展，科学技术发展也一发不可遏制，不断冲击教会控制。（3）14 世欧洲暴发的黑死病，欧洲为此付出 2/3 人口的代价。黑死病动摇了人们对上帝的信仰，对欧洲宗教改革起了推动作用。真正意义上的宗教改革是从1520年马丁·路德三大改革宗教的论著开始的。路德创立了基督新教，但介入世俗政治的新教仍不能摆脱专横一面，例如，号称“日内瓦教皇”的新教教义完善者加尔文，亲自审判并将发现血液循环的塞尔维特处以火刑。

迫使教会退出世俗社会管理，是文艺复兴伟大成果之一，托马斯·阿奎那主张的上帝哲学也不再被人提起，上帝重新回到神秘主义之中。脱离了千余年世俗社会繁杂管理活动的上帝，成了道德品质教育的专业老师，似乎对亚里士多德的哲学也放下了。此时上帝在人们心目中形象反而更完美无瑕，因为上帝哲学智慧本来就是从亚里士多德那里借来的，而借来的智慧在中世纪社会治理中又多被歪曲、滥用，以致被误解为是“神学的婢女”。此时将上帝的哲学还归亚里士多德，对于上帝并没有失去什么。如果说此时还有什么值得遗憾和惋惜的话，那就是托马斯·阿奎那的良苦用心了！

二、近代西方哲学

从文艺复兴到19世纪末的近代西方哲学，是农耕社会到工业社会过渡期的哲学，是奠定了现代西方社会的哲学奠基。从16世纪起，近代哲学家在全面否定中世纪经院哲学基础上，重新从阿拉伯文献中发现古希腊哲学，在工业化的机器轰鸣声中，中世纪经院哲学受到激烈批判和否定。此时深藏在上帝思想中的古希腊哲学并未引起近代哲学家们的重视，或者被因为这样或那样的原因忽视了。近代哲学大师们如英国的培根，犹太哲学家斯宾诺莎，德国的康德、费希特、谢林、黑格尔等，无不是在全面否定中世纪哲学的前提下“重打锣鼓重唱戏”。他们纷纷通过阿拉伯文献或译著，重新发掘和研究古希腊哲学，从苏格拉底、柏拉图到亚里士多德，寻找其思想根源和哲学灵感。虽然没有人能够说清大师们研究文献来源的准确性，但经大师们一路传承下来的古希腊哲学思想，在后人看来就是古希腊哲学真传了。大师们在此基础上形成的哲学流派，构成了西方国家哲学的框架。

（一）弗兰西斯·培根（1561—1626年）

作为英国经验主义哲学代表，他认为“除了天启之外，一切知识都产生于感觉”。经历了从王室大法官沦落到罪犯的大起大落，也没有影响到培根对哲学的热爱。培根从经验主义出发，其研究涉及人的哲学、形而上学和神学等领域，相比其他创造体系的哲学家，培根更热衷于打碎以往的哲学体系，为未来人类思想和科学技术拓展准备条件，为全新“未来”哲学奠定基础。

（二）巴赫鲁·斯宾诺莎（1632—1677年）

生于犹太商人家庭的斯宾诺莎，出于对笛卡尔唯理主义哲学的热爱，最终背弃了犹太教，成为笛卡尔唯理主义哲学一代传人，而且做到青出于蓝而胜于蓝。熟读犹太经典的斯宾诺莎，之所以摈弃犹太教义，是因为他的哲学思考是在此基础上更深入，到达了一个新境界，犹太教义已经容不下他宏大的哲学范畴。斯宾诺莎唯理主义哲学思想所涉及的领域包括：万有实体的理论、上帝的属性、样态说、人的精神、认识论、理智和意志、伦理学和政治学等。斯宾诺莎似乎为后人打开了智慧的宝藏。在斯宾诺莎的哲学视野中，上帝、心灵、情绪、力量和理智被理性的思维融为一体，黑格尔对此的评价是“属性是人类知识的形式，不是实在地为上帝所有，而是由人类思想赋予的”。

（三）伊曼努尔·康德（1724—1804年）

康德出身于平民阶层，虽然没有显赫出身背景，但他马具师的父亲给了他在宗教环境中受教育的基本条件，他一生都是作为学生、教师和学者的角色，虽然研究和撰写出了当代世界最优秀的哲学思想著作，但平生都没有走出他出生的城市哥尼斯堡。

康德哲学思想是典型的中庸之道，面对从文艺复兴开始的各种思潮，如启蒙运动、经验主义、唯理主义、怀疑论、宿命论、无神论等，康德通过他的 3 本主要著作《纯粹理性批判》《实践理论批判》《判断力批判》，不抱偏见地给予一视同仁的研究态度，批判其中不合理部分，肯定合理部分，并在此基础之上深入研究。意图建立更为完美的哲学体系。康德一方面认为：“知识的内容来自经验，但心灵按照它先验或固有的，即唯理的方式来思维这些经验。”另一方面又认为对于客观存在的“自在之物”，人们能够思维但却不能认识，如世界的存在、上帝等。

康德奠定了唯心主义哲学基础，之后由其继任者费希特、谢林和黑格尔加以完善，从而使自我决定的精神活动，成为解决一切哲学问题的钥匙，成为解释知识和经验、自然、历史和人类制度的原则。“这一理想的原则统一了人类知识，统一了范畴以及理论和实践理性，克服了机械论和目的论之间的二元论，排除了康德自在之物的矛盾”。

（四）弗理德里希·黑格尔（1770—1831 年）

黑格尔出身于政府小职员家庭，青年黑格尔曾经是拿破仑热情粉丝，但当 1806 年拿破仑发动征服欧洲的战争打到他居住的城市耶那后，失去大学教职和财富的黑格尔仅带着他珍贵的手稿《精神现象学》逃离。穷困潦倒的他不得不靠借贷和编辑过日子，之后在纽伦堡一所中学担任校长。然而财政窘迫并没有改变黑格尔对哲学的热衷，1807 年《精神现象学》出版，随后出版的是《逻辑学》，这是两本完全由他自己撰写的著作。之后《哲学全书》《法哲学原理》相继出版，到 1818 年，在拿破仑兵败滑铁卢、灰头土脸地被流放南大西洋圣赫勒拿岛 3 年后，卧薪尝胆 12 年的黑格尔终于修成正果，登上德国哲学巅峰，与德国文坛巨星歌德（1749—1832 年）齐名。1820 年，拿破仑被流放 5 年后病逝，尽管拿破仑的死因之谜轰动了世界，但当时世界对拿破仑的关注度显然低于歌德和黑格尔了。拿破仑当年在欧洲纵横捭阖，使成千上万个黑格尔沦为穷困潦倒的难民，不承想却造就了一个至少与之齐名的伟人。

黑格尔虽然认为精神是世界的本源，但精神并不是超越世界之上的，而是自然和人类社会不同发展阶段的表现形式。一切实在与理性都是统一的，凡是现实的，都是合理的。绝对是理性本身，是生命、历程和演化以及意识的认识，一切运动、活动和生命都服从思维规律。理性是黑格尔哲学思想精髓，是事物本质、和谐与规律；思想和理性的真正概念是活动、运动过程、演化过程。事物运动和变化的根本原因是事物内部对立的矛盾，这些矛盾不断向其对立面转化，完成对立统一，并不断由低级阶段向高级阶段升华，黑格尔将其称作辩证过程。基于此，黑格尔将康德、费希特、谢林的唯心主义哲学体系发展到完美的高度，其思想被称为是人类思想史上最惊人的成就。恩格斯对此的评价是："近代德国哲学在黑格尔的体系中达到顶峰，在这个体系中，黑格尔第一次——这是他的巨大功绩——把整个自然的、历史的和精神的世界描写为处于不断运动、变化、转化的发展中，并试图揭示运动和发展的内在联系。"黑格尔将西方哲学发展到了顶峰，但仍没有摆脱唯心主义的桎梏。面对当时资本主义社会的重重危机，不能给出合理的解决方案。

第二节　西方人权思想

西方人权思想产生于文艺复兴，是资产阶级革命的精神武器。西方人权思想的哲学根源，可以追溯到古希腊哲学的自然正义和平等观念。但真正成为源头的，应该是文艺复兴和启蒙运动中的理性主义和个人主义。包括霍布斯的理性人权思想、洛克的人权保障思想以及卢梭的社会契约思想等。

一、人权思想奠基人霍布斯

托马斯·霍布斯（1588—1679 年），英国著名哲学家和思想家。他所倡导的关于人的自由、财产、平等和安全的权利思想，在社会中产生了巨大影响，他也被公认为是资产阶级革命的启蒙思想家。霍布斯认为人的自由源于自然，自由权利就是人类可以根据自己理性判断去做任何有利于自己事情的权利。自由权利包括宗教信仰、经济生活、贸易自由以及财产权利，而法律是实现这些权利的保障。

霍布斯认为：就自然天性而言，人是生而平等的。有些权利是不可让渡的；有些权利的实施需要以尊重别人同样的权利为前提，例如，自由、平等。他有一句名言是："平等可以理解为产生社会冲突的缘由，而不是解决问题的缘由。"人的平等权利包括劳动权利、财产权利、共享权利、法律权利、安全权利等。霍布斯把安全权列入人权体系，并由国家保障实施。国家通过法制保障公民安全，是文明社会的基础。他认为"没有制约就没有文明。文明不是来自欲望，而是来自对欲望的压制"。国家通过法制保障各项人权实施，这就是文明的重要内容。相比现代西方社会对人权的理解，霍布斯人权思想涵盖内容更为宽泛。霍布斯被认为是西方现代人权思想奠基人。

霍布斯的人权思想迎合了早期资产阶级革命的自由、平等口号，在平等的基础之上发展出人权理论，人权又离不开法制的保障，而法制又压制了人权的欲望，成为文明的制约规则。霍布斯的人权公式是"平等、人权、法制、文明"。霍布斯巧妙地把平等思想和人权实现装在法制和文明的框子里，从而使平等不至于成为"社会冲突的缘由"，使人权不至于成为不受制约的“欲望”。由此可见，霍布斯在最早提出人权思想时，已经预见到了对人权产生欲望的控制和制约问题，并设计了把人权置于法制框架下的文明规则。

二、洛克人权政治保障

约翰·洛克（1632—1704 年），其人权思想主要体现在其成名作《政府论》之中。洛克认为政治权力的产生来源于人类“自然状态”。人类在这种自然状态下，每个人都平等地享有与他人相同的自然权利，例如，生命、自由和财产权利等。当这些权利受到侵害时，虽然“人人享有惩罚罪犯和充当自然法执行人的权利”，但这种无政府状态下自然法的执行难免受到个人因素影响而产生偏激，为此就需要具有公共权威的客观公正判断，需要有对加害者和被害者双方都平等对待的解决方法。这样才能有效解决问题，避免走向战争状态。

洛克在此基础上，推演出权利让渡理论：人们联合成一个共同体（即国家），自愿放弃此前单独行使的惩罚权力，交由国家或政府机构来实施。以“谋求彼此间舒适、安全、平和的生活”。个人让渡出惩罚权力，并不是个人牺牲自己的权利以换取安全，而是一个更好的选择。但人们交付国家的只是那一部分自我保护权利，人们仍然享有着生命、自由、财产等自然权利。国家、社会、政权之所以有存在价值，就是在于其可以公正、公平和有效地保护个人自然权利。洛克还特别强调国家和社会统治者们的主要职责是维护和促进公共福利，不能把权力扩张超过该项职责，或者是说超出人们授权之外。个人的自然权利，是神圣不可侵犯的，这就是洛克的人权思想。个人是价值的源泉，国家、社会、政权之所以有价值，是因为他们可以保障个人的自由权利。

洛克人权思想在霍布斯基础上更进了一步，因此也被认为是承上启下的人权哲学。无论是霍布斯的安全权，还是洛克的惩罚权，其实质都是出于对自然权利的保障。不同的是霍布斯基于人的恶性来论述人权保护的必要性，而洛克认为惩罚权的让渡是基于人类为获得更好的结果而进行的选择。洛克对于政府超出让渡权利行为的警示，在当代社会具有重要意义。

三、人权思想集大成者卢梭

让－雅克・卢梭（1712—1778 年），系统完成了西方人权思想体系。这位从贫困中走出的、生活放荡、靠“吃软饭”或抄乐谱为生，但从不接受国王们年金的思想家，一生著述颇丰，被冠以启蒙思想家、哲学家、教育家、浪漫主义文学家等称号。卢梭人权思想基于下列推理。

（1）人类不平等起源与事实上不平等，而私有制是其结果。人类虽然生而自由、平等，但由于个人素质、后天与环境等差别，导致个人发挥出不同自然能力，因而在技巧、知识、声誉、分配方面产生事实上的不平等，导致了占有财富不均衡的私有制出现。

（2）人类文明是一种盲目进步观，是一种违背自然、理性与自然本能的蜕变，甚至是堕落。这是因为在自然状态中，人类在为自己生存而与自然作斗争并和睦相处，并在与自然相互关系中形成了良好淳朴的德行，而文明发展摧毁了这些原始的德行，人虽然变得越来越聪明，但附属于文明之上的私有制使人心灵变坏。卢梭认为文明发展史不过是一部“人类的疾病史”，使原本有理性的人类失去了自我，产生了奢侈和贪婪，自由变成专制。

（3）实现人类自由、平等道路。为治愈人类文明带来的疾病，卢梭开出三个药方：一是回归到自然状态，二是通过暴力革命铲除一切不平等根源，三是用社会契约来保证社会平等。卢梭对这三条道路进行了比较，认为人类回到原始自然状态是不可能的，用暴力摧毁私有制也意味着人类文明自我毁灭，而唯一可行的就是社会契约一条正确道路。卢梭所主张的社会契约是不以牺牲人自由平等为代价的，其核心是："一切人把一切权利转让给一切人。"个人虽然通过契约把自己自由、平等权利转让出去，但也同时通过契约获得了一切其他订契约者所转让的同样权利。对此并不能简单理解为权利交换，而是意味着订契约者从一切人那里获得了一切行使自由、平等权利时的安全保障。

卢梭社会契约的实施者是政府，政府强制力是社会契约的安全保障，也是一切订契约人的道义共同体，与每一个订契约人形成不可分割的整体。政府基于社会契约产生的"公意"行事，卢梭把"公意"描述成"没有相互矛盾的个人利益，永远以公共利益为出发点和归宿，永远公正，不犯错误"。而这种"公意"就是国家与社会治理中的法律。法律被卢梭赋予近乎完美的社会功能，也被期望成为保障社会契约的最后一道防线。受卢梭社会契约思想影响，无论是法国的《人权与公民权利宣言》（以下简称《人权宣言》），还是联合国的《世界人权宣言》，都力图将人权建立在法制社会的基础之上。卢梭社会契约思想，奠定了现代社会人权法制化基础。卢梭作为现代社会法制之父，受到普遍尊崇，这与他生前遭人唾弃、通缉和颠沛流离的生活形成鲜明对照。

四、人权与社会治理

通过对以上 3 位西方人权奠基人思想解读，我们可以看出，他们的研究已经超出了人权的来源范围，进入对人权的控制和保障范围。人权由国家强制力通过法律制度加以规范。受商品社会的影响，人权与物权类似，通过契约与整个社会的一切人进行交换，以取得安全保障。自由与人权思想把一切人都拉平了，如果说中世纪的基督教思想在专制之外还披着道德外衣的话，道德在此已经是多余装饰了。相比中国古代德主刑辅的礼制体系，西方建立在自由与人权思想基础之上的法制体系，至少增加了不少社会治理成本。

（一）人权纳入国家治理体系

1789 年 8 月 26 日，法国革命制宪会议颁布了《人权宣言》这一被认为是历史性的、“呈现人类自然的、不可让渡的神圣权利”的文献。该宣言是对自由、平等、博爱口号的精细化。可概括为：（1）人生而自由平等；（2）政治对于人权的维护；（3）主权在民；（4）法律保障下的自由不妨碍别人；（4）依法行为与不为；（5）无差别的公共服务权利；（6）法无明文不处罚；（7）无罪推定；（8）法律规范下的宗教、言论自由；（9）赋税义务，政务公开；（10）保障与分权宪制；（11）财产权利神圣不可侵犯。法国《人权宣言》诞生于法国革命成功前夜，比较详细、具体规范了人权在国家体制下的行使和保障。资产阶级革命初期的自由、平等、博爱口号是推翻旧政权的有力武器，到了资产阶级掌握国家政权之时，其破坏性需求变成了建设性需求。法国此时颁布的《人权宣言》，就是顺应这一历史需要的产物。法国《人权宣言》完成了人权功能的转型，人权不再是一种破坏性武器，被融入了社会的治理规范，成为动员民众参与社会管理，遏制破坏，监督和约束政府的法律规范。

（二）人权思想国际化

1948 年 12 月 10 日，第三届联合国大会通过了《世界人权宣言》。《世界人权宣言》共计 30 条，包括了如下内容：（1）人生而自由、平等，具有理性和良心；（2）全世界人人有资格享有人权；（3）人人享有生命、自由和人身安全；（4）禁奴；（5）禁酷刑；（6）法律人格权；（7）法律面前人人平等；（8）法律救济；（9）不受非法逮捕、拘禁和放逐；（10）公正审判；（11）法无明文规定不为罪、不处罚；（12）隐私、信息、名誉不受侵犯；(13) 迁徙、居住自由；(14) 政治庇护；(15) 国籍享有权；(16) 婚姻自由和家庭保护；(17) 财产权利不可侵犯；(18) 思想和宗教自由；(19) 言论和信息自由；(20) 集会、结社、结团自由；(21) 选举和被选举权利；(22) 享有社会保障和经济、社会、文化权利；(23) 工作权、同工同酬公正报酬和工会权；(24) 休假权；(25) 福利保障、妇幼保护、平等教育以及教育选择权；(26) 免费教育、和平教育；(27) 文化创作与获得报酬权；(28) 享有人权的秩序权；(29) 社会义务、尊重他人权利和公德、不违背联合国宪章；(30) 遵守和正确理解本宣言。

就《世界人权宣言》本身的内容看，我们不难发现，它是在法国《人权宣言》基础上，增加了现代国际社会治理的内容，既包括了每个成员国国内人权治理和保护的内容，也包括了国际社会人权治理和保护的内容。但总的来说，其功用也与法国《人权宣言》一样，是一个国际治理体系的人权规则，主要是用来规范和保护各成员国的人权行使，监督、加强国家人权治理，同时也是联合国本身的人权模板，用来规范自身和帮助成员国治理和改善人权状况。

第三节　实用主义哲学

现代资本主义商品社会中，一切都被简单化了，面对利益追捧，似乎一切道德规范都不重要了，宗教被送进了教堂，哲学被送进了大学。物欲横流迷失了人类心智，利益追求禁锢了人们思想。一切都成了利益角逐工具，战争、贸易甚至文化传播，无不打上利益烙印。原有哲学规范已经不能适应现代商品社会发展节奏了，于是以美国为代表的实用主义哲学应运而生了。随着美国乘两次世界大战之风逐步上位，实用主义成了助力美国成就世界一流强国的神话，登上了世界哲学大雅之堂，成为世界思想界争相追捧的金科玉律。

一、查尔斯·S. 皮尔士

查尔斯·S. 皮尔士（1839—1914 年），出生于马萨诸塞州，是美国实用主义思想奠基人。皮尔士在世时并不出名，死后有多部著述出版，受到世界普遍认可。

皮尔士实用主义思想的主要观点是：（1）现实是可变的，知识是控制现实的工具；（2）实践经验是最重要的，原则和推理是次要的；（3）信仰和观念是否为真理，取决于能否带来实际效果；（4）真理是思想有成就感的活动；（5）理论只是对行为结果假定总结，是一种工具，是否有价值取决于能否使行动成功；（6）人对现实的理解，完全取决于现实对他的利益有什么影响。

皮尔士把哲学从人生观降为一种思想方法，把知识解释为一种评价过程，以科学逻辑作为人的行动准则。一切深奥神圣的东西都被皮尔士简单化了，成为人生的实用工具。物质在皮尔士的眼里是人们对客观外在的经验效果；思维的职能是确立信念，辨识真假不是思维要解决的问题；真理只是认识中令人满意的东西，其与谎言的不同之处是其可以指引人们完成目标。皮尔士认为世界上没有永恒不变、一劳永逸的真理，“科学的精神要求随时抛弃与经验发生冲突的信念，不应该有过分的自信。今天你相信的东西，明天你可以完全不信任他”。

皮尔士实用主义思想具有典型的美国范儿，是当时社会现实基础上的产物。皮尔士的思想略显粗糙，充满了商品社会的利益理念，同时也受基督教见证思想的影响，例如，对知识、真理的认识和检验，似乎在检验一件商品的真伪，追求真理是出于利益的考量等。皮尔士并不绝对信任品牌（真理），而是作为一种辅助判断的参考。这种出自市场或竞争需求的思想，也许就是皮尔士生前没有受到社会重视的原因。而对实用主义思想理性化、高雅的包装，留给另外一位美国教授了，他就是比皮尔士小 3 岁的威廉·詹姆斯。

二、威廉·詹姆斯

威廉·詹姆斯（1842—1910 年），是美国实用主义思维理性化的推动者。詹姆斯哲学思想带着浓厚心理学色彩。他认为思想和物质分不开，尽管二者在形态和结构方面有巨大差异，但思想就是物质的客观反映，这种反映不仅是事物的外在形式，还包括事物的内在联系，“是对事物形状、触觉、气味以及整体性方面全面的感知”。感知反映到思想中，形成一个感知流，一个对世间万物发展衡量和感知的思想河流，詹姆斯称之为“思想流、意识流，或主观生活流”。客观事物能否被全面准确感知，需要一种检验方法。这种方法就是将观念付诸行动，即在实践中检验，“寻求真理是一个过程，因观念而起，事实可以证明的就是真理”。这就是詹姆斯理性化了的实用主义哲学。实用主义从来不问观念出处和条件，唯一的是只需要验证观念的正确性。“不考察事物、原则、范畴或者假定的必要性，只考察最终的事物、结果和事实。”在实用主义者眼里，以前诸多哲学流派关于真理的假设、推理、论证以及辩论等，均无实际意义，只要将观念付诸实践，就可知其真假了。

然而检验并不是实用主义哲学全部内容，面对多元化哲学思想，实用主义的另一项功能就是选择性接受。詹姆斯认为人们要接受某种哲学，并不是依据“客观真理”概念，而是要根据自己的需要和性格。人们不会问哲学是否符合逻辑，只会问它对我们生活有什么实际意义。詹姆斯的一句名言是：“需要决定观念，但我们的观念不可能决定我们的需要。”一个哲学问题的价值就在于对现实生活有指导和激励作用。詹姆斯反对哲学一元化选择，即只照上帝指引的轨迹生活，其倡导在多元化世界里根据自己的需求自由选择。

在政治倾向上，詹姆斯支持社会主义，但他担心社会主义对个人和天才限制。他认为最有价值的是人，其他一切都是工具，包括哲学。因此人们一方面需要一个维护社会每一个个体利益的国家，另一方面需要一种哲学信仰，而这种哲学是要指引人类在不断变化的宇宙中前行。

詹姆斯实用主义哲学也是时代的产物，是适应世界工业革命大潮而产生，是“科学与宗教战争的一个方面”，符合当时社会发展的客观需求，因此，实用主义哲学的问世，具有历史必然性。詹姆斯实用主义哲学也注重吸收人类优秀哲学精华，如康德的“实践理性”、叔本华的意志升华、达尔文的适者生存，以及边沁的功利主义等，均成为詹姆斯哲学的理性基础；而美国的现实社会生活与行为方式则是詹姆斯实用主义哲学的社会基础。

三、约翰·杜威

约翰·杜威（1859—1952 年），美国现代实用主义哲学之集大成者。杜威实用主义思想起源于教育思想，认为“教育即生活”和“学校即社会”，提倡“从做中学”“思维与教学”，曾引起了美国教育界巨大轰动。杜威认为人的思想是一种工具与方法，起源于解决疑惑与困难的动因，人的思想通过研究事实真相，提出种种可能假定以解决疑难，并用各种方法来证实或者证明能够圆满解决或应付疑难的假定。

从实用主义动态的观念出发，杜威对经验、历程这些哲学概念都有独到见解。其一，经验。人的经验不仅是动态的、复合的，还是具有相关性的有机整体，包括作为者和被作为者之间的互动或相互反应。经验来自生活，是一种可以为人类解决生活实际问题，促进人类与自然有效交往的工具。其二，历程。历程是生物发展、演变各个阶段延续性的结合。历程也是一个动态的活动过程，没有固定的模式。其三，知识。人的知识并不是简单对客观外在事物的反应，而是与认知者之间产生的相互作用。知识是一个逻辑运思的预期成果：在不确定情境下，个体出于解决困境的需要所作的假设，以此拟定解决途径，检验其可行性及其预期结果。知识的工具效能，即已获知识是进一步获取知识的工具，是个体与环境相互交流的结果，而不是绝对真理。在解决问题时，之前知识仅能作为一种参考，不能套用为解决问题固定方式。

从皮尔士到詹姆斯，再从詹姆斯到杜威，成就了美国实用主义思维的哲学化。如果说皮尔士是做出了马车的木匠的话，詹姆斯就是把这辆普通的马车装修成一辆豪车的工匠，而杜威则是豪车的驾驶高手。出自市井需求的实用主义，经詹姆斯包装进入美国的主流社会，再经杜威的升华，成为美国社会的主流思想。随着美国国际地位的增强，实用主义也在世界上产生了广泛的影响，一度在世界哲学界占据统治地位。

第四节　欧洲哲学家的新思维

与实用主义同框的，是欧洲的一些“另类”的哲学家，他们超越了时代局限，从更睿智和深入的角度，全面审视人类的历史和未来需求。虽然他们的哲学思想已经不能占据国家主流思想阵地，但他们对世界的影响已然超越了当下，成为留给后世的财富，反映了西方从近代到现代转型期的哲学思维，即从威斯特伐利亚体系到第二次世界大战结束的接近 3 个世纪的思想历程。本节研究的 3 位哲学家，代表了欧洲思想界在这一承上启下阶段的哲学思维，虽然从表面上看，他们的思想似乎没有连贯性，也不像近代西方哲学家们热衷从古希腊哲学找源头，但如果与时代结合起来，就会发现他们的哲学思维与他们所处的社会现实息息相关，虽然这一思想被实用主义和普世价值观所挤压，但并不能抹杀其作为人类精神遗产的闪光之点。

一、与上帝“唱反调”的尼采

威廉·尼采（1844—1900 年），被誉为德国的哲学家兼诗人。也许是因为尼采过于敏锐的思考，导致他“走火入魔”，时年 45 岁的尼采，在广场上看到一个马夫用鞭子抽打一匹老马后，抱着可怜的马痛哭导致发疯。尼采短暂的哲学生涯从此画上了句号，后在母亲、妹妹的照料下生活，在 10 年后与世长辞。然而尼采对世界影响之久，与他短暂生命相反。尼采哲学地位也得到世界公认。尼采在哲学界的影响甚至超过了他的德国同胞康德、黑格尔等，被认为是世间少有的为了成为天才而付出沉重代价的人。

尼采哲学思想的主线是对人生价值观积极肯定，认为人生就是一场唯有适者才能生存下来的竞赛，软弱是缺陷、力量是美德，赢得胜利是善、失败是恶。民主与平等违反了生存法则，天才是进化的目标，主宰一切命运的是强权而不是正义。人类真正需要的是果敢与智慧，而不是利他主义。尼采认为世界上存在两种价值观与道德准则：一种是“主人道德”，即用优胜劣败的方式来表达，就是用强弱的原则来代替善恶的原则；另一种是“奴隶道德”，即纯粹从弱势方面去看待善恶，由宗教得到启发，希望每个人都能够谦虚、博爱。但实质上，“奴隶道德”是弱者为了掩盖自己对强者的恐惧、嫉妒和自私。

尼采认为起源于平等思想的民主主义、功利主义、社会主义，都是基督教从奴隶道德中发展而来的，泯灭了人类进取精神，助长了惰性和愚昧。因而用平民哲学、平等化、大众化来衡量人类进步是错误的。哲学家们貌似纯粹、神圣、中立的辩证思想，其实都是带有偏见的命题，是通过幻想提炼出来的欲望。欧洲大地在基督教和利于大众的哲学思想统治下，高贵者的道德正在毁灭，“强者竟然要为自己的力量感到羞耻”。坚强不屈的意志品德，强盛不朽的激情，这些人类最重要的品质，反而被定义为“邪恶”。从这种角度出发，尼采认为“上帝已经死了”；而哲学家们所赞颂的不是上升的生命，而是堕落的生命，导致道德的衰落。

尼采认为真正的哲学应该具备的条件是：想象力、自我主张、冒险、创新，以及价值创造等。尼采质疑了传统哲学诸多假设的合理性。如自我意识、知识、真理以及“自由意志”，提出了用力量意志来解释人类行为。尼采否定了世界上存在普世道德。尼采证明了道德观的最初起源并没有一点道德依据，残酷的权力斗争才是形成道德的基础。基督教的道德观的起源是：位于社会最底层的社会成员对于那些强大、富有上层社会成员的“怨恨”。是弱者对强者“想象的复仇”，将那些强者描述为“恶”，将懦弱描述为“善”，这是基督教道德观错位所致。

尼采对哲学的贡献是：对于数百年来西方社会一直认为正确无误的理念和社会制度进行了批判性的审查，从而打开了人类研究哲学和文明的新视野。杜兰特曾在《哲学的故事》中评价：“他如手术刀般敏感锋利地剖析了人性，他是现代思想家中第一个揭露出伦理道德的根源的人，他创造了贵族制社会的价值观，他使世界认真思考达尔文主义。……最主要的，他坚持认为人类应该超越自我。”

一般人会认为尼采是西方哲学界一个另类、一个疯子。他一顿乱棍打下去，不仅把基督教打回到“奴隶哲学”原形，也几乎横扫了所有西方哲学家，包括苏格拉底、柏拉图也被他诟病。他疯狂崇拜源于贵族的强者、英雄主义哲学思想，而鄙视产生于社会底层的平等、民主哲学思想。此外，与所有哲学家不同的是，尼采哲学表述用的是诗一般的语言，或者说他就是用诗来写哲学，加之他多用犀利的言辞，给人以畅快淋漓的感觉。

哲学之外，尼采有许多人生格言，令人振聋发聩："对待生命你不妨大胆冒险一点，因为好歹你要失去它。如果这世界上真有奇迹，那只是努力的另一个名字。生命中最难的阶段不是没有人懂你，而是你不懂自己。""人可以控制自己的行为，却不能约束感情，因为感情是变化无常的。""没有哪个胜利者信仰机遇。"

尼采在反思人类之前哲学思想种种弊端的同时，也尽力维护着人类被泯灭的优秀个性，批判维护弱者和落后的平等思想，推崇发扬人类智慧和创新力。从人类发展进步角度看，有其积极向上一面，尼采可以说给予欧洲甚至世界思想界以雷霆般的一击，使其在故步自封、自我陶醉中得以清醒；从哲学发展进程本身来说，尼采哲学思想可以说是对欧洲和世界哲学思想的一次严肃反思，一次睿智纠偏。尼采死后100余年的战乱和科学技术的发展，以及人类哲学思想的进步，无一不印证了尼采哲学思想的超前。尼采被认为是西方哲学思想向现代发展的一个转折点。

尼采由于他鲜明的个性，以及对之前哲学、基督教思想的批判态度，一直不受政界和主流思想界欢迎，其一生中所受挫折和冷落多于善待和重视。尼采是西方哲学界第一个敢于对西方视为真理的一切思想和哲理进行反思与批判的学者，加之他极具感染力的语言，对后世人类哲学思想产生了深远的影响。有人认为尼采是哲学的终结，也有人认为尼采是现代哲学的开端。事实上，尼采对于人类哲学乃至人类文明的思考是最透彻的，他的哲学思想参透了整个人类社会，发现了人类文明的根本弊端，可谓前无古人，后无来者。

尼采崇尚英雄主义和鄙视基督教哲学，表面上看似乎是在恢复古希腊哲学的尚武主义，其实并非如此，尼采的真实意图是激励人类的进取精神和创造力，以助力资产阶级社会摆脱困境。尼采代表了后马克思主义时代的西方哲学思潮，其试图在批判基础上重新焕发西方哲学的生命力。

二、创造进化论哲学家柏格森

亨利·柏格森（1859—1941 年），其著作《创造进化论》获得 1927 年诺贝尔文学奖，柏格森也成了享誉世界的哲学家。柏格森师承机械唯物主义大师斯宾塞，之后在研究中发现了斯宾塞无法自圆其说的几个基本问题：物质和生命、肉体和灵魂、宿命与选择，因而对斯宾塞理论以及达尔文的进化论产生疑问，进而完成了自己“创造进化论”体系。与机械唯物论和自然进化论不同的是，柏格森认为物质和意识的冲突是人类进化的动力，人类进化并不是机械的、被动的在大自然中“适者生存”，至少与动物不同。“人可以创造自己的自由。”人类没有像动物那样进化出用于进攻的尖牙利爪，或者用于防御的铠甲，或者用于逃跑的飞毛腿，而是进化出了聪明的大脑、灵活的手以及语言，通过制作武器、谋略和组织集体行为战胜一切动物，成为地球生态之王。“人类不愿进化出全新的器官，而是把精力放到制作工具和武器上面，这些东西在不需要的时候就可以储存起来，不必要到什么时候都带着装备。比如身材庞大的大象和懒兽们，由于身上负担太多丢不掉的东西，而失去了统治地球的机会。”这种根据自己需求或者欲望的选择性进化，就是柏格森的创造进化论核心。他认为：“生命有三种进化路径：第一种是像植物那样麻木、迟钝，但可以遇到偶然性的平安和胆战心惊的长寿命；

第二种是生命把所有精力都凝聚成像蚂蚁和蜜蜂般的本能；第三种是脊椎动物界的方式，它们非常勇敢地抛弃本能的控制，用思维和冒险来赢取生命自由。”第三种进化途径并不是否定本能，而是在进化中不断进取和开拓，发挥着主观能动性。

具有创造力的生命，同样面临物质约束，创造进化本身就是不断与物质惰性博弈的过程。创造进化没有先例可循，是一种在黑暗中不断探索，不断获取知识和经验的冒险（摸着石头过河）。就全体而言，创造进化是上帝的工作，因此它终将会走向完美。但对于单体或者某个物种来说，这种实验性质的进化，会面临痛苦和失败风险。柏格森对于创造进化赋予厚望：“可能在未来某个时间，生命会彻底打败自己最老的对手——物质，或许还能破解避免死亡的秘密。只要耐心给生命宽裕的时间，他就能无往不胜。”在取得巨大成就的创造进化中，人类更是一枝独秀，杜兰特认为“动物比植物更高级，人比所有其他动物更高级。人类就如同彪悍的骑兵部队，他们在时空中策马飞驰，能够把所有顽固的障碍都扫除干净，甚至可以解决死亡的问题”。

达尔文在研究进化问题时，主要着眼于外部环境对进化的影响，主体不断适应客观外界环境而自我完善，是进化论的主线。而柏格森则是在此基础上更进一步，从生命内部需求、欲望去探索进化的原因和动力。柏格森并没有否定达尔文，而是对达尔文理论的完善和发展。

柏格森创造进化论研究视野，其实已经深入到了人类文明发展过程之中。柏格森认为从生命演化中发展出来的意识，是创造进化的真正动力。人类依赖意识的创造力，从动物向原始人类进化，从原始人类向古代人类、近现代人类进化，其速度和幅度随着人类经验与知识的积累而不断加快。柏格森的伟大之处在于认为现代社会的一切科学技术、财富和文化艺术，均可以用创造进化论来解释，而他所预言的生命战胜物质、战胜死亡的进化结果，是人类进化所追求的终极目标。由此可见，柏格森的创造进化论虽然有深刻的时代烙印，但其科学性、创造性，在解释现代社会现象时均具有超前的哲学价值。如果说尼采打碎了一个旧的、保守且谬误的哲学体系的话，柏格森的创造进化哲学可以认为是在建立一个新的且正确的哲学体系。

柏格森把达尔文的进化论纳入哲学范畴中，从而使进化论具有了新的拓展领域：(1) 解释了人类发展进化的原因，既包括外在环境和条件，也包括人类内在的思想和意志动力；(2) 展望了人类进化的发展趋势，预示了人类进化将向束缚自己的物质环境和生命极限挑战。柏格森关于人类进化趋势的预言，在当时社会并没有引起反响，可能在当时，人们还看不到可能性，认为这是与尼采类似的狂言。但在现代社会看来，柏格森哲学思考是多么睿智！工业革命以来，人类进化搭上了科学技术的快车，正在像柏格森创造进化论预言的那样，向更高的、突破人类生命与生存极限的阶段进化。

就像尼采仍被传统哲学界看作疯子一般无视，柏格森创造进化哲学思想至今在西方哲学殿堂中也只被作为一个流派，没有得到应有的地位。柏格森的创造进化论其实是人类思想史上的一个里程碑，其不仅是对达尔文自然进化论的发展，也是将进化问题首次引入哲学思维。与达尔文的自然进化论相比，柏格森的创造进化论更适合解释人类社会的发展。创造进化论与第四次工业革命发展方向是一致的，其中关于人类进化将挑战物质、战胜死亡的预言，随着科学技术的进步，已经具有了可行性。柏格森是一位面向未来的西方哲学家，他的创造进化哲学思想，也是未来人类进化的精神动力。

三、教育哲学家罗素

伯兰特·罗素（1872—1970年），其不仅哲学上有独到的见解，也是20世纪西方著名的和平主义政治活动家。1954年4月，罗素与爱因斯坦等科学家签署《罗素—爱因斯坦宣言》，该宣言号召世界各政府体会并公开宣布它们的目的不能发展成世界大战，解决它们之间的任何争执应该用和平手段。罗素一生的著述颇丰，涉及哲学、数学等诸多领域，其在所涉的每一个领域都有自己独到的见解。其中《西方哲学史》在1950年获得诺贝尔文学奖。

罗素哲学思想立足于数学，他认为由于数学的绝对客观性，可以容纳永恒的真理与知识，无论是柏拉图的“理念”，还是斯宾诺莎的“永恒秩序”，都需要通过数学推理得出结论，方才符合宇宙本质。“哲学的目的是把自己转变成像数学一样的准确、客观。”罗素的目的就是将所有的哲学论断转化为简单的数学公式。应用数学推理，罗素证明了基督教义的不合理性。由于看到人类崇尚武力和暴力解决争端，罗素认为所产生盲目力量必将战胜人类理智，“并将每一个家园、每一处文明及世界的角角落落摧毁”。罗素厌恶这种暴力，崇尚人类自身的创造力，认为是一种可以与失败顽强斗争的力量，人类并不甘愿毁灭，因此尽管明知不可为而为之，至少要奋力一搏。罗素的哲学思想笼罩着悲观主义，且具有牺牲主义的悲壮色彩。

罗素经历了两次世界大战的磨难，目睹了自己预言变成现实，其角色也由一个哲学预言家转为一个反战政治家。他曾目睹战场上年轻人前仆后继的死亡，继而开始检讨战争的起因。当他发现社会主义的经济和政治分析方法可以消除这种病态社会时，他认识到了私有制是现代战争的根源。罗素为此开出的治疗良方就是共产主义，即从根本上消灭了私有制，国家才能真正履行自己的社会职能。

罗素对于自由和教育赋予很高的期望。一个人如果失去了自由，就失去了人格。自由的讨论可以使人们避免错误和偏见，杀戮和迫害几乎都是由于执念引起的，而自由可以抚平人类社会的粗糙。教育可以“推动所有创造性事物的发展，削弱掠夺、侵略的欲望”。通过教育发展的两条基本的道德准则是：（1）尊重，即“尊重所有的个体和集体，使得他们能够充分地发展”；（2）宽容，即“一个个体或集体在发展中不应该损害其他个体或集体的利益”。罗素的设想是：如果学校都能以培养这样的人才为理念和目标，人类将会远离战争、杀戮和掠夺，人类也无须通过暴力革命或者法律约束就能实现和平这个目标！学校就是开启和平之门的钥匙。

作为20世纪伟大的哲学家、思想家和政治家，罗素对人类文明的主要思想贡献有三点：其一，以数学逻辑的方法推演出基督教理论的不合理性，推演出现代社会人类战争会导致人类毁灭的危险性；其二，发现了战争与杀戮的根本原因是私有制，而共产主义是治疗的良药；其三，通过倡导自由与教育可以减少杀戮，通向人类和平之门。

罗素并不是一个马克思主义者，而是一个地地道道的英国贵族，罗素伯爵得出共产主义是消灭私有制、清除战争根源的良药的结论，是他从严谨的数学哲学逻辑推演出的结果。现代西方社会的哲学家、思想家们，还鲜有像罗素这样严谨而不带偏见的，罗素就像一盏明灯，亮度虽然远不及悉达多和耶稣，但对于在偏见和保守中迷失的西方哲学界，无疑是希望所在。罗素希望共产主义实现，但并不希望其通过战争和暴力的方式完成。他设想通过教育开启通向共产主义和平之门，推动创新和发展，消灭掠夺、侵略欲望。虽然他的设想被各方公认为是天真和不切实际的，但他提出的通过非战争手段达到共产主义的设想本身具有重要思想价值，可以说开启了人类智慧的另一扇大门。

第五节　人权及其误区

一、人权

（一）人权思想

核心内容为自由、平等、博爱的人权思想，起源于文艺复兴和资产阶级革命，所针对的是中世纪的神学专制和精神压迫。（1）自由。最初的解读是所有人都拥有的，以不损害他人为原则的自主权，除了为保障社会上其他人享有同样权利外，个人的自由权利不应受到任何限制。之后，这一观念在革命运动中被简化为“不自由毋宁死”的绝对化口号，以便动员更多人参与反抗教会和封建统治的革命运动，为了鼓动革命，自由权利的限制条件被淡化，被误解为不受限制的绝对自由，并扩展、放大到家庭、社团、阶层、民族乃至国家。“不自由毋宁死”口号以及“天赋人权”思想，也飙升为国家政治操守。（2）平等。即每个人具有平等享受人权的权利，而不论其出身和地位如何，“法律面前，人人平等”，无论是受法律保护还是受法律惩罚皆是如此。（3）博爱。即尊重别人也和自己一样享有自由、平等权利。在自己行使自由、平等权利时，尊重和不能影响别人行使同样的自由、平等权利。自由的限制与博爱的尊重之不同处就在于：前者是一种限制性条件，或者是行使自由权利的先决条件；而后者是倡导性行为规范，是一种道德指引，引导人们自觉去践行。博爱的道德指引不同于一般道德规范，是以平等的限制性条件为底线的。

（二）人权武器的应用

最早的自由、平等、博爱口号，是以简约、明了的面貌示人，很容易被广大民众了解和接受，产生了广泛社会影响力和凝聚力，成为资产阶级革命最有效的宣传武器。1776 年美国独立革命，是以人权为武器推翻殖民统治的典范，美国《独立宣言》的人权表述是："人人生而平等，造物者赋予他们若干不可剥夺的权利，其中包括生命权、自由权和追求幸福的权利。"13 个联邦州要脱离英国统治而独立，正是基于对这些权利的追求。美国独立中使用人权武器，为世界反殖民统治树立了典范。人权武器不但在资产阶级革命中被使用，也成为摧毁其殖民统治的重要武器，之后亚、非、拉反殖民独立运动的领袖们，也学会了使用这一广泛、快速动员民众的利器。

二、人权思想的两面作用

（一）人权思想的正面作用

人权思想在人类历史进程中曾发挥了积极的作用。

（1）在资产阶级革命中，成为唤起民众，鼓动斗争与牺牲的精神武器。"不自由毋宁死"鼓舞了成千上万热血青年，为自由和平等的社会而战，为人类社会的崇高目标而牺牲。自由、平等、博爱成了资产阶级革命时期的标配口号。之后，在世界各国反殖民统治，民族独立的斗争中，该口号仍然发挥着巨大的作用，包括美国的独立革命、亚非拉美的民族解放，以及孙中山先生推翻清王朝的辛亥革命。

（2）资产阶级取得政权后，人权思想被纳入国家治理体系之中，成为类似于宪法，甚至高于宪法的规范，其不但是管理者的公共服务规范，也是被管理者维护自己的权利、监督管理者的法律依据。进入国家治理规范的人权思想，也从根本上改变了过去简单化、口号式的面孔，形成了一个完整的法律规范体系，国家治理体系中的人权已经不限于自由、平等、博爱了，还包括了更多的人权内容，如言论、隐私、居住、财产、名誉、婚姻、家庭、宗教信仰以及司法平等。在国家治理体系之外，人权思想也被国际化，成为各国人权保护的参照模式，也是国际社会就人权保障相互学习和监督的标准。

（二）人权思想的负面作用

人权是一个权利与义务统一体，在行使自由、平等权利时，同时要承担一定的义务，或者说是满足先决条件，即不妨害别人行使同样权利，或者是让别人有行使同样权利的条件。在革命时期，人权往往被简单化为无限制的自由、绝对的平等、一项革命阶级的特权，而罔顾社会其他阶层的利益和感受。这种“木匠的斧子一边砍”的人权观，对于最终取得胜利的资产阶级来说并没有使其感到不对，因为“胜者王侯败者贼”，与所有胜利者写就的历史一样，正义永远在胜利者一方。

第二次世界大战之后，随着世界两极化和全面“冷战”的展开，西方国家把人权作为一种攻击对手的武器，应用于意识形态斗争中。西方国家自封为“自由世界”，而将对手贴上“专制”标签。这种片面、单向的人权观念，已经与人权创始人卢梭、洛克、霍布斯等的思想大相径庭了。人权被武器化了，在东欧国家“颜色革命”、中东“阿拉伯之春”中，发挥了重要的作用。西方军事专家曾经感叹，颜色革命比军事行动更为有效和经济。

在现代社会，人权思想已经从支持社会治理的体系中分离出来，演变成国际政治斗争的思想武器，成为当前世界不稳定的根源。被西方国家玩弄于股掌的人权武器也是一把“双刃剑”，2020 年席卷全球的疫情，暴露了西方国家诸多内部矛盾，过去用来打压别国的人权武器，反过来成了本国反科学的极端政治化工具。就连佩戴口罩这样一个最简单的卫生防疫常识，被放大成了与人权水火不容的大事。西方国家，特别是美国，由于对防疫措施的抵触，致使疫情蔓延，成为新冠重灾区，导致国民经济停滞、国内矛盾上升、族群分裂。2020 年美国大选前后发生的乱局，表面上是党派间的政治斗争，实质是被扭曲的人权对其的反噬。

三、天赋人权的误区

（一）天赋人权不具科学性和客观性

天赋人权是从拉丁文 jus nafural 翻译而来的，其字面意思为自然权利。众多西方哲学家、思想家的共识就是人生来就俱有生存、自由和追求幸福和财产的权利。这种与生具有的自然权利，受人的理性制约，并且以不妨碍他人行使自然权利为条件。这种天赋的自然权利，是人权思想的源头，既是资产阶级革命的精神武器，也是建立国家制度的思想基础，公民通过权利让渡或者与国家达成契约，把人权实现和维护交给国家，由国家通过强制力保障。天赋人权思想在资产阶级革命成功后，被用于建立资产阶级的国家和社会制度，其被包装以民主，规范于法制，并崇尚科学与创新，不但创立了一个优于封建教会专制的社会制度，而且借助工业革命快车，促进了社会经济和科学文化高速发展，造就了西方历史上无与伦比的稳定、繁荣的社会，也造就了一批强国，如英、法、德、意、日、美以及俄罗斯。但悲哀的是，在人权和法制支持下强盛起来的列强并没有行普惠世界之举，而是利用自身经济与军事实力在全球展开殖民统治争夺、瓜分势力范围以及进行血腥奴隶贸易。上天在赋予人权时似乎疏忽了殖民地、落后国家的民众以及被当作牲畜一样买卖的奴隶。

天赋人权的学说曾受到马克思严厉批判，马克思认为，离开经济和阶级关系，谈固有的、天生的权利是不科学的，不符合客观事实。马克思从政治经济学视野，质疑了天赋人权思想的科学性和客观性，揭示了在阶级社会存在条件下人权学说的不合理性。历史的发展证明了马克思的判断，从17世纪资产阶级革命到20世纪的两次世界大战，以人权与法制立业的富国、强国，没有惠及世界人类，也没有惠及本国民生，反而使全世界陷入战争、掠夺与毁灭之中。《威斯特伐利亚条约》，似乎也只是列强之间的游戏规则，并未顾及落后国家和地区。由此可见，天赋人权思想，造就了一个新时代、一批强大国家、一部分富裕人群，却忽略了多数的人类和国家，人与人之间、社会阶层之间、民族与国家之间的差距反而更大了。

（二）天赋人权是一个被偷换了的概念

就权利而言，在本身社会属性之外，并不具有自然属性。一个人是否具有或者不具有某种权利，不可能也不会从大自然中取得，而是由其生活的社会设定的，而且权利与义务是相对应的关系。

人的出生，与一切生物一样，是遵循大自然规律孕育生命的结果。大自然对于一切具有生命形态的有机物，包括人、动物、植物甚至微生物，都是一视同仁地给予阳光、水和空气。对于自然中的动植物也包括人类来说，只有适者生存的唯一自然法则，而不可能还存在自然权利与义务之说。对于动物或者人类而言，大自然所赋予的，除了阳光、水和空气之外，也只有延续生命的条件，如食物、庇护所、性，而后者需要自己去获取。由于个体各自的能力不同，导致了生命的质量不同。这种导致生命质量不同的情况同样存在于植物界，其根系、枝干、叶冠和生长速度也会导致各自的差异。

自然界为获得生存条件的竞争是进化和物种延续的动力。同理，人类社会的竞争也是人类历史发展的动力。随着人类社会壮大，人类由个体竞争进入集体竞争，最初是部族，后逐步发展成民族与国家，甚至国家之间的联合体。为保证集体的团结与一致，集体中就产生了规则，就国家而言，这种规则就是法律，规定了每个人的权利与义务。由此可见，权利与义务是人类社会化的产物，而非大自然赋予。人的权利可以分为两种类型：一种是根据人的生存和繁衍所需求的权利，如人的生命、自由与性权利；另一种是根据人的社会活动所需的权利，如言论、集会、选举权利。法学界把前一类权利称为自然权利，把后一类权利称为社会权利。所谓的自然权利，并不是大自然或者上天赋予的权利，而只是一类为保护人类自然属性的目的，由国家制定的法律权利。为了保证个人权利行使时不妨碍他人权利的行使，法律同时规定了与权利相对应的义务，并且在行使权利的同时，要承担相应的义务。

由此可见，把人权认为是上天赋予的一项自然权利，其实是把社会权利中关于人类自然属性的权利误解为大自然赋予的权利，或者说是被最初的人权思想家们偷换了概念！后来的政治家们，出于政治需要，以讹传讹，一个“天赋人权”的虚拟神话，被视为人权与法制的基本原理，流传了几百年！

(三) 滥用“自由运动”豁免

“生命诚可贵，爱情价更高，若为自由故，二者皆可抛。”这首诗出自匈牙利著名诗人裴多菲，他用 26 岁生命践行了自己的诗志，此诗成为前无古人，后无来者的绝唱。裴多菲所追求的自由，已经不是他本人的自由了，而是升华为民族与国家的自由。裴多菲为争取民族与国家的自由而献身战场，是无可非议的民族英雄。裴多菲用生命追求的，是政治上的自由，包括选择自己的政治体制、国家形态、国家治理以及公民表达自己的政治意愿的自由。裴多菲之所以被后人敬仰，是因为他为追求民族与国家的自由而无我。就历史上的自由运动而言，其主体绝大多数都是被剥夺或者限制自由的国家或民族或者阶层，他们是为了要回被剥夺或限制的自由权利，是弱势一方的反抗，这种运动属于政治斗争范畴。因此，这种自由的运动，本身属于自由回归，不存在对他人自由的妨碍，反而是排除侵害的行为。除非涉及妨害他人的个人自由和财产，争取自由的运动本身不承担保护义务，对此被称为“自由运动”豁免，其前提是自由运动必须是正义的。

自由运动的豁免，在现代国际社会的意识形态博弈中被广泛应用。博弈的双方都力图证明对方的非正义性、对方的专制乃至对人权的侵犯，这样就可以利用“自由”豁免，使自己的行为不受限制。

美国等西方国家，自认为站在道德高峰，对不同信仰和社会制度国家，便不再遵守威斯特伐利亚规则，通过“自由”豁免，滥用人权武器对这些国家进行颠覆和干涉。所到之处，满目疮痍、一片狼藉。无论是伊拉克、阿富汗还是中东、东欧国家，种下所谓的“人权与民主”，收获的却是仇恨和子弹。就经济损失而言，美国从“9·11”事件后开展反恐战争，历时20余年，花费了数万亿美元，致使国内基础建设停滞不前，制造业萎缩，族群矛盾激化，党派斗争形同水火。凡此种种，除了军火商和军事承包商赚得盆满钵满外，非但没有看到所期望的“民主”之花开放，反而加速了衰败。

本章结语

西方古代思想的两个巨大的断层，其一是古希腊哲学之星的陨落。从公元323年罗马帝国将基督教奉为国教，盛极一时的古希腊哲学便在这一时期逐渐没落，最终淡出人们的视野。其二是基督教哲学的衰落。从公元5世纪到15世纪，中世纪基督教思想以罗马教廷为中心，统治着欧洲的大部分地区。直到文艺复兴，随着基督教退出世俗政治，神哲学也被近代思想所摒弃。虽然托马斯发挥了超人的智慧，用古希腊哲学为上帝洗了脑，但近代西方哲学家们还是选择舍近求远，从阿拉伯文献中重新发掘9个世纪前的古希腊哲学。

于是古希腊哲学被装到近代哲学的框架中去研究，近代西方哲学思想跨越了9个世纪，仍没有脱离古希腊战争哲学宗旨，成为近代西方列强侵略扩张、殖民统治的思想武器。与中世纪经院哲学相比较，古希腊的战争哲学在此只是脱下来教士袍，换上了西装而已。

对西方现代哲学的检讨从尼采开始，经柏格森到罗素，从否定、批判到进化论创新，再到从数学逻辑推演出人类向共产主义的归宿。这意味着西方最睿智的思想界已经认识到了建立在私有制基础之上利益观念的沉疴，找到了人类几千年陷入战争泥潭不可自拔的原因，人类开始寻找自救的良药。然而，这种与马克思主义殊途同归的哲学思考为现代西方主流社会的价值观念所不容，最终淡出了西方社会的主流思想，被礼貌有加地送入大学书斋之中。代之而起的是19世纪下半叶起源于美国并开始流行世界的实用主义哲学，随着美国的发展壮大走向国际社会，一度成为现代西方社会的主流哲学思潮。

与战争与污染同步成长的西方人权，由于之前深受中世纪思想打压，因此打出自由、平等、博爱的旗帜，以鼓舞士气、凝聚人心。随着工业革命进程以及国际社会政治格局变化，源于文艺复兴的人权思想逐步占据主导地位，利己主义部分被过分解读，套上了“普世价值”的外衣，与现代西方社会的利益观、零和博弈观相得益彰，在实用主义哲学大树上开花、结果，成为当代社会不稳定的源头。现代西方思想观念的上述变迁，表面上看似乎互不关联、独立自我发展起来，但从深层次上考察，都有利益和贪婪的影子，与近现代西方社会奉行的国家丛林规则密切相关。

第六章

中华民族之复兴

第一节　从帝制到共和

一、百年屈辱

西方文艺复兴之时，中国正经历着王朝更迭的蜕变。曾经雄踞东方，保持世界 GDP 第一的大明王朝，已经告别了 15 世纪初郑和下西洋的辉煌。1644 年 3 月 19 日，内外交困的明王朝首都北京被农民起义军轻易攻破，绝望至极的崇祯皇帝亲手杀死自己的妻子、儿女后上吊。起义军首领李自成，这位深得民心的“闯王”成为中国历史上在位时间最短的“皇帝”。李自成由于没有执政经验和粗暴侵犯了社会各阶层利益，致使民心迅速丧失，在进京执政 42 天后，被清军击败。清军入主中原，之后又经过数十年征战，到 1662 年收复台湾，完成了王朝的彻底更替。

清王朝替代明王朝，是一个落后而强悍小民族统治先进而羸弱大民族的典范。直至 1840 年的鸦片战争，清王朝除了几次扩张领土的战争外，基本处于稳定发展中。一个难以理解的政治奇迹是：不到全国人口 1% 的满族，统治了中国 260 余年，并出现了历史上少有的繁荣与发达（乾康盛世）。更有甚者，中国历史上难以治愈的腐败顽疾，在清朝得到整肃。从公元前 7 世纪起开始修建的长城，是抵御北方匈奴入侵的利器，历史长达 2000 多年，修长城、守长城成为中国历代王朝戍边要务。这项耗费巨大财力、军力的防务从清朝开始不再必要了，因为长城的功能已经被满蒙联姻后的蒙古民族取代，蒙古铁骑有了内地粮草和武器源源不断的支持，更是彪悍无敌，原被长城阻挡的匈奴，被移动的蒙古“长城”碾压到欧洲腹地。清朝的势力范围从白令海峡到帕米尔葱岭；从南海到北海（贝加尔湖）。如果加上 23 个藩属国，其实际控制的面积应是国土 1 倍以上。从 17 世纪 40 年代清朝入主中原，到 19 世纪 40 年代鸦片战争，短短的 200 年时间，中国人口从 1 亿余人增长到 4 亿余人，约占世界总人口的一半，可见当时社会稳定与繁荣程度。

与欧洲大量使用不同，热兵器并不被清王朝重视，闭关锁国错失了第一次工业革命的良机，当 1840 年大英帝国用坚船利炮敲开中国国门时，清王朝并没有意识到自己落后，原本只是给了“洋夷”们觐见“天朝”皇上“恩惠”的清王朝，却给自己上了结结实实的一课。随后清王朝在洋务运动培养起来的民族复兴自信，又在 1894 年被“明治维新”后崛起的强邻日本在“甲午战争”中打回了原形。14 年后的义和团运动，给了西方列强践踏北京的借口，八国联军入侵的屈辱和 4.5 亿两白银战争赔款，使清王朝元气丧尽。

1908 年 11 月 15 日，74 岁的慈禧太后去世，这位统治了中国 47 年的“老佛爷”，是中国历史上的“无冕女皇”，她的政治生涯几乎覆盖了清王朝整个衰败过程。慈禧太后死后几乎没留下政治遗产，一个叫溥仪的 3 岁孩子在寡妇养母陪同下登上了大清皇帝宝座，辅佐他的是一群毫无政治经验的年轻贵族，历史注定了这位中国最后一位皇帝坎坷的一生。在溥仪执政不到 3 年的 1911 年 10 月 10 日，驻守湖北武昌大清新军发动了起义，起义者打出了中华民国旗号，之后各省纷纷响应。1912

年 1 月 1 日，孙中山在南京正式就任中华民国首任临时大总统，同时宣告共和制的中华民国正式成立。2 月 12 日，清朝政府宣布结束统治。这对一个 6 岁的孩子来说并不意味着什么，像做了一个“过家家”的游戏；但在中国历史上，这是一个时代分水岭，中国延续数千年的帝王政治结束了，代之而起的是共和制。国民为此欢欣鼓舞，世界也为之一振。1912 年 3 月 10 日，袁世凯宣誓担任中华民国第二任临时大总统，1913 年 10 月 6 日，袁世凯被选举为中华民国第一任大总统。孙中山虽然只当了 3 个月的临时大总统，但历史认为是孙中山领导的革命运动推翻了清朝政府，中国封建社会由孙中山先生画上了句号。

二、袁世凯的功与过

袁世凯 1859 年出生于河南项城一个官宦世家，自幼立志读书，无奈两试不中，随后弃文就武，1882 年袁世凯随军入朝后，短短 12 年，就从一个随营帮办升任为三品大员、朝鲜总督。侥幸在甲午战争中逃过一劫的袁世凯，认识到强军重要性，在他强力建议下，1895 年清政府同意他在天津小站组练新式军队。通过小站练兵，袁世凯在此基础上组建了相当于 6 个师的西式军队（北洋六镇），成为清朝陆军主力。袁世凯作为创始人，自然成了中国新式陆军的统帅，各级军官非其羽翼莫属。

凭借小站练兵的政治资本，袁世凯成为中国政坛中心人物，因在 1908 年宣统上台后受到新贵族排挤，被迫在河南洹上村做了 3 年“渔翁”，但这何尝不是一种韬光养晦，有那么多新军中的部属在，袁世凯胸有成竹地等待东山再起那一天。武昌起义恰到好处给他送来了这个机会，已经被新贵族搞成一团散沙的清政府，唯一仰仗的救命稻草就是新军，而新军并不听命于清政府。无奈之下，袁世凯成了救大清帝国于水火的不二人选。1911 年 10 月 14 日，在武昌起义后第 4 天，赋闲 3 年的袁世凯被清政府起用，从此开始了左右中国的政治生涯。从接掌了大清军权，到与起义者几番较量，袁世凯赢得了中华民国总统的政治资本；通过与清政府讨价还价，袁宫保用每年 400 万两白银换来了宣统皇帝退位诏书。之后袁世凯又挫败了国民党人“二次革命”，将其逐出议会，孙中山、黄兴都被边缘化了。至此以北洋军为基础的袁氏政权基本得以稳固。

袁世凯的爱国主义情怀还是可圈可点的。(1) 袁世凯担任朝鲜总督期间，曾上书清政府，力主撤藩建省，没有被清政府所采，之后给日本侵略朝鲜的机会。(2) 1914 年，英国导演的以将西藏从中国分裂出去的西姆拉会议上，袁世凯领导的中华民国政府拒绝在《西姆拉条约》上签字，使英国联合西藏上层分裂中国的图谋失败。(3) 1911 年外蒙古在沙俄策动下宣告独立，袁世凯通过种种内政外交的努力，迫使沙俄放弃了对蒙古独立的支持，似乎“覆水难收”的外蒙古独立，硬生生地被袁世凯给扳回来了。至于 1924 年外蒙古在苏联帮助下革命成功，成立了“蒙古人民共和国”，那已是袁世凯死后的事了。

袁世凯在任时，还做了许多利国利民之举：(1) 筹款并主持修建京张铁路（后人只知詹天佑）；(2) 在天津创办中国第一支警察队伍，使军警分离；(3) 创办山东大学（山东大学堂）；(4) 废科举，鼓励新学；(5) 禁毒，创办禁毒所；(6) 在军队中禁赌；(7) 鼓励、支持民族工商业发展等。这些“功劳”，拿出任何一件，都可以在历史上留名，然而被一件“称帝”闹剧给清零了。

袁世凯称帝，不仅害了自己，也害了中国。1916 年 6 月 6 日，心力交瘁的袁世凯死于尿毒症，享年 57 岁。与袁世凯一同逝去的是中华民国的安宁，那些只有袁大总统能弹压的北洋大员们，像被放飞出笼的鸟儿，他们早就跃跃欲试等着这一天了，于是装备着现代武器的军阀混战开始了，中国陷入了比清末还暗淡的民族灾难。内乱不仅使中国生灵涂炭，也使日本人野心膨胀，甲午战争和“二十一条”的收获已经不能满足其侵略和扩张的胃口了，一个全面侵华的阴谋正在孕育之中。

袁世凯称帝，可以说是他一生中的最大败笔，本来世界已经把中国“华盛顿”的美名给了他，以他对当时中国政坛的掌控程度和民心所向，即使想做个终身大总统也毫无阻力。但正当中华民族有了一线复兴的希望之时，这个中国的“华盛顿”偏又要尝试去做中国的“拿破仑”，结果不仅害得自己身败名裂，也连累得国家又进入了分裂和内战。

第二节　从民国到人民共和国

一、孙中山没有走完的路

孙中山 1856 年 11 月生于广东中山市（香山县），早年学医，后决定改“医人生涯”为“医国事业”。与康有为、梁启超改良派不同的是，孙中山选择用革命手段推翻清王朝，“起共和而终两千年之帝制”。孙中山作为职业革命家，奋斗 40 余年，直到 1925 年 3 月，在北京因肝癌辞世。

1894 年，孙中山在美国夏威夷创立了兴中会，提出了“驱除鞑虏，恢复中华，创立合众政府”的主张。1895 年，因组织广州起义计划泄露，孙中山被迫流亡海外，在伦敦曾被清朝领事馆扣留，被营救脱险后，孙中山在考察欧美的过程中形成了“三民主义思想”。1905 年孙中山到达日本，并在兴中会基础上成立“中国同盟会”，“驱除鞑虏，恢复中华，创立民国，平均地权”成为同盟会的纲领，三民主义思想具体为民族、民权、民生三大主义。之后，同盟会在全国组织了多次推翻清王朝起义，著名的有镇南关起义、广州黄花岗起义，直到 1911 年 10 月 10 日爆发武昌起义，清朝统治基础被彻底动摇了。孙中山被推选为中华民国临时大总统之后，与袁世凯合作，结束了清王朝统治。1912 年 2 月 12 日，清朝最后一个皇帝溥仪宣布退位。孙中山于第二天让临时大总统之位于袁世凯，在颁布了《中华民国临时约法》等法规文件后，孙中山开始实业救国之路，同盟会之后改组为国民党。

1913 年国民党理事长宋教仁被暗杀，孙中山与袁世凯决裂，发动了讨袁的“二次革命”，失败后再次流亡日本。1915 年袁世凯称帝失败后，孙中山重回国内从事政治活动。1917 年，把持北洋政府的段祺瑞拒绝恢复被废除的《中华民国临时约法》，孙中山便在南方军阀支持下建立护法军政府展开护法运动，但以失败告终，孙中山开始认识到南北军阀都靠不住。1920 年孙中山发起第二次护法运动，但因南方军阀的多次叛变又无疾而终，至此孙中山彻底对军阀失望。

1923 年，探索多年的孙中山先生，终于找到了正确的革命之路。他重组国民党并建立军队；在政治上提出了“联俄、联共、扶助农工”三大政策，并在 1924 年的中国国民党第一次代表大会上，完成了与中国共产党的合作；决定建立中国国民党陆军军官学校（通称黄埔军校），选任蒋介石为校长。至此，国民革命走上正轨，黄埔军校也成就了中国国民党的另一位领袖人物——蒋介石。黄埔军校为终结军阀混战奠定了基础，而蒋介石就像当年袁世凯小站练兵一样，积累起了自己的政治资本，成为之后 25 年叱咤中国政坛中心人物。

1924 年末，冯玉祥与张作霖联合推翻了直系军阀政府，并邀请孙中山北上共商国是。此时因为黄埔学生军已经在广东形成气候，孙中山底气十足，提出了废除不平等条约、召开国民会议的政治主张，大有再造民国之势。然而抵京后不久，孙中山就病倒了，留给他不多的时间里他完成了3份遗嘱：《国事遗嘱》《家事遗嘱》《致苏俄遗书》，总结了40年革命的经验，得出了“必须唤起民众，及联合世界上以平等待我之民族，共同奋斗”。孙中山先生最后遗言“革命尚未成功，同志仍需努力”成为国民党党训。

中国国民党把孙中山先生尊为“国父”，对于当时国民党执政的“中华民国”而言，确实如此，尽管他的继任者们对他的思想、主张解释得面目全非，行动上更是大相径庭，但并不影响他的声誉也不影响他被敬重。中国共产党对孙中山的称呼是“革命先行者”，是因为孙中山所倡导的资本主义革命，是社会主义革命的前奏。

二、北伐与十年内战

（一）北伐

孙中山去世后，国民党彻底对北洋军阀失去了信心，立志北伐，打倒北洋军阀已成国共两党的共识。当时北洋军阀主要势力盘踞在东北、华北，总兵力100余万。1926年7月4日，广州的国民党中央通过《国民革命北伐宣言》。之后在中国共产党积极参与和支持下，北伐进展顺利，北伐军人数一度达到100万之多。在北伐军攻占武汉和上海后，眼见北伐就要取得最后胜利的关头，1927年4月始，国民党的主要代表蒋介石和汪精卫相继开始反共、清共，之后各地国民党军队相继效仿，致使数十万积极参加北伐的共产党人和进步青年被清理或屠杀。北伐一度陷入停顿。国共两党的十年内战从此开始了。之后国民党进行二次北伐，至1928年，彻底击败了吴佩孚、孙传芳和张宗昌，并把张作霖赶回东北。1928年6月4日，不再与日本人合作的张作霖被日本人炸死；1928年12月29日，少帅张学良通电归属国民政府。至此国民党终于完成了孙中山的遗愿，结束了袁世凯死后留下的军阀混战局面，完成了全国的军政统一。但国民党内部仍然派系林立，日本也早已虎视眈眈，急不可耐要对中国动手了。

（二）十年内战

内战从1927年8月1日的南昌起义开始，中国共产党在全国各地领导了数百次起义，创造了苏联模式的红军，开展了与国民党的全面战争。十年内战是中国共产党作战经验积累的十年，中国共产党没有照搬苏联革命的模式，而是在偏远地区建立根据地，确立了“农村包围城市”的革命道路，这是在十年内战中的最大收获①。中国共产党既缺乏袁世凯小站练兵的时间与经费，也没有蒋介石建立黄埔军校的条件。毛泽东确立了“支部建在连上”的重要组织原则，保证了共产党对军队的绝对领导；同时在根据地内部进行土地改革，把地主多余的土地没收分给农民，赢得了农民的支持，提高了他们参军的积极性。这些在井冈山根据地实践得来的成功经验，为之后共产党的胜利奠定了基础。

1928年之后，蒋介石花大力气对付各地红军的根据地。但在毛泽东等人的领导下，成功打破了国民党的4次“围剿”。直到1933年，蒋介石调集100万军队向各地红军进攻，其中50万军队于9月下旬开始向中央革命根据地发动进攻，确立了持久战与堡垒主义相结合的战略和“以守为攻”“合围之法”的战术，在苏区周围广筑碉堡。红军的反“围剿”斗争形势十分严峻。而此时“左”倾冒险主义的军事战略已在中央苏区全面推行，排挤了毛泽东在党和红军中的领导地位，转由共产国际派来的军事顾问李德指挥红军打阵地战，结果损失惨重，红军遭受重大伤亡。因此，中央红军主力不得不在1934年10月放弃根据地，开始战略转移，这也就是中国共产党历史上著名的二万五千里长征。

① 在偏远、落后地区建立革命根据地，也是毛泽东主席在秋收起义后的成功经验。

1935年10月19日，陕甘支队到达陕北吴起镇；1936年10月22日，三大主力红军胜利会师。红军经历的艰难险阻堪称历史之最，中央红军从8.6万多人锐减到3万多人，但保存了共产党的精英。在长征最困难的时刻，中国共产党在贵州遵义作出了一个正确的抉择，结束了"左"倾教条主义错误在中央的统治，确立了毛泽东在红军和中共中央的领导地位。红军能够顺利完成长征，之后在抗日战争、解放战争中取得最后胜利，都得益于遵义会议这一生死攸关的转折点。

红军长征到达陕北后情况并不乐观，好在蒋介石又犯了一个错误，他派了1931年从东北撤离的东北军去"剿共"。东北军上下都对蒋介石当年下令不抵抗一肚子怨气，加之几场战斗中被红军打得损失惨重，在红军停止内战，一致抗日宣传下，早已丧失了战斗意志，希望蒋介石允许他们打回东北老家，收复被日军占领的土地。少帅张学良也早已厌烦内战，与另一个西北军将领杨虎城联合起来，乘蒋介石前来督战之机将其扣留，实施"兵谏"，这就是著名的西安事变，时间是1936年12月12日。中国共产党应张、杨的邀请参与西安事变的解决，在东北军士兵和民众一致要求杀蒋、国民党亲日派竭力挑动内战的呼声中，中国共产党代表周恩来力挽狂澜，促成了西安事变和平解决。同当年黎元洪一样，蒋介石在死亡和领袖之间也作了正确的选择。至此，蒋介石"攘外必先安内"政策改为一致抗日，国共两党开始了第二次合作。

西安事变使蒋介石丢尽了颜面，之后疯狂报复张、杨二人，张学良被终身囚禁，杨虎城被逼出洋，后被残杀。蒋介石领导国民党军队开始全面抗日，全国人民仍然把希望寄托在他身上。中国共产党军队主力，或被送上了抗日战争前线，或派往日占区从事游击战。依常人思维，这不是派去抗日，而是借日本人之刀清共。然而蒋介石又失算了，共产党在敌后抗战中反而打出了一片新天地。

三、日本侵华之灾难

虽然日本文化源于中华，但历史上中日之间摩擦多于和睦。早在隋唐时期，就有争夺朝鲜半岛的战争；在明朝万历年间，中国两次派兵援朝，打败了丰臣秀吉侵略军；明朝大将戚继光剿灭倭寇的故事，也是针对日本海盗的。日本在历史上对中国的劣势从 1868 年的“明治维新”得到改观。赶上了第一次工业革命的末班车，从此开始超越中国。从 1894 年的甲午战争，到 1931 年的九一八事变，日本先后吞并了台湾、琉球、朝鲜，取得了在辽东、福建的特权，又侵占东北。日本还参与了八国联军对中国的掠夺，在东北发起日俄战争，并在第一次世界大战后取得在山东的特权。九一八事变，日本利用蒋介石的不抵抗政策，不费一枪一弹，占领了中国 1/6 的土地，并迅速殖民化。之后日本的野心进一步膨胀，把侵略的触角伸进中国的华北、华东。1937 年 7 月 7 日，日本在北平发动了卢沟桥事变，开始了侵略华北、华东的全面战争。日本军队凭借着装备和训练的优势，疯狂碾压中国军队，迅速占领了北平、天津、上海、南京、济南、武汉、广州等主要城市，华北、东南沿海大片国土沦丧。更有甚者，数百万汉奸投向日本人，成立了“满洲国”、汪伪政府等伪政权，组建了伪军和伪警察，汉奸竟然数倍于侵略者。

得益于西安事变，国共两党第二次合作，组成了抗日民族统一战线。中国当时形成了以国民党军队为主的正面战场和以共产党军队为主的敌后战场。在前期国民党军队节节败退的战况下，共产党领导的八路军首先在山西的平型关消灭了日军千余人，打破了日军不可战胜的神话，鼓舞了中国人民抗日的士气。之后共产党在日军占领的华北、华东和华南开展广泛的游击战。特别是 1940 年著名的百团大战，取得了在日占区歼敌5万余人，彻底瘫痪日军华北交通的战绩，给国民党萎靡的正面战场有力的配合，提振了士气。百团大战一度将日军主力吸引到敌后，缓解了正面战场压力，给了国民党军队喘息、调整机会。

1941年末，日本为摆脱在中国战场久拖不决的困境，为获得更多资源和优势，悍然发动了太平洋战争。在战争初期，日本打残了美、英的海军、陆军，迅速占领东南亚，获得了丰厚的战略物资。但日本惹上了美国，就像德国惹上了苏联一样，为自己的最终失败敲响了丧钟。太平洋战争开始之日，预示日本的好运到头了，此后日本在中国正面战场由攻势转入守势，中国战场也得到了美国的全面支援，在西南战场转入反攻。在敌后战场更是给了共产党抗日军队更大发展空间。直到1945年5月德国无条件投降，美军已经打到日本家门口，日本军队损失巨大，海军、空军几乎被清零。美国攻入日本已经只是时间的问题。

虽然在太平洋战争中日本军队精英已经损失殆尽，但日本天皇还是想最后一搏，甚至生出一亿（日本的全部人口）玉碎的疯狂想法。美国对占领日本会带来的损失进行评估，认为占领日本还需付出100万军人代价，权衡利弊后，在1945年8月6日和9日分别将仅有的两枚原子弹投在了日本的广岛和长崎，两座城市被夷为平地，约20万日本军民因此死亡。同年8月9日，150万苏军向日本关东军发起进攻。8月15日，日本天皇发表《终战诏书》，8月17日，关东军向苏联投降。9月2日，日本驻华军队向中国投降。至此，中国抗日战争结束了，日本从清末以来对中国近百年欺辱画上了句号。中国不但收回了被占领14年的东北三省，历史上被占领的台湾、南海也回到了祖国怀抱。

日本的侵华战争，共造成中国军民伤亡3500万以上，数千万人沦为难民，许多城市被夷为平地，许多农村变成无人区，直接经济损失达

1000 多亿美元，间接经济损失达 5000 多亿美元①。日本对中国的侵略，可以说是中国近代历史上遭受的最严重的民族灾难，曾经如此辉煌的中华文明，几乎被日本这个曾经的“学生”破坏殆尽。国际政治的丛林法则，再次证明国家内乱和分裂是多么可怕。抗日战争的胜利，使中国人普遍认识到了，国家不能继续分裂下去了，中华民族需要统一、需要复兴。

四、毛泽东与蒋介石的博弈

抗日战争的结束并不意味着中国和平的开始，国共第二次合作也由于共同敌人消失而结束了。共产党和国民党在毛泽东和蒋介石的带领下，开始了新的博弈。

通过敌后抗战，共产党军队在日占区发展迅速，当时已有近百万正规军，200 余万民兵，华北、华东几大抗日根据地连成一体，此外苏联消灭关东军后，留下了大批的武器和物资，之后也逐步转移到共产党军队手里，林彪领导的东北解放军借此发展为最有战斗力的野战军。这些都是 1936 年国共合作抗日时蒋介石不曾预料到的。但相比之下，蒋介石拥有的实力更为强大，仅正规军就有 800 余万，并有一半装备了美国武器，此时的蒋介石更是信心满满，扬言可以在 3 个月内消灭共产党。

蒋介石为了完成对共产党军队的内战部署，利用谈判来争取时间。于是 1945 年 8—10 月，在美国斡旋下，蒋介石邀请毛泽东、周恩来等中共主要领导人到重庆谈判。中国共产党为争取国内和平，认真谈判并作出极大让步。1945 年 10 月 10 日，在这个中华民国的国庆日两党签订

① 美国 1945 年的生产总值为 3500 多亿美元，而中国 1950 年生产总值不到 100 亿美元。

了和平建国协议，全国人民着实高兴了一番。但这只是战争前奏，是中国人几千年“先礼后兵”传统再现而已。

蒋介石发动的全面内战终于在1946年6月全面爆发。战争第一年，解放军处于战略防御阶段，在退却和保存实力基础上，集中优势兵力消灭对方有生力量70余万人。战争第二年，解放军针对国民党军队对山东和陕北的重点进攻，进行了战略反攻，不仅打破了国民党军的重点进攻，还派出三路大军直插国民党统治区，双方军队已经大体持平。第三年，解放军通过辽沈、淮海、平津三大战役，消灭了国民党军队主力近200万人，于1949年4月，发动渡江战役，100余万军队打过长江，把蒋介石的军队赶到台湾。及至1949年10月1日中华人民共和国成立，1951年西藏和平解放，毛泽东领导的共产党军队解放了中国大陆全境，3年多时间共消灭国民党军队800余万人。蒋介石被迫逃到台湾，盼望着第三次世界大战爆发后反攻大陆。

回顾毛泽东与蒋介石指挥的这场关乎中国的命运、前途的大决战，毛泽东完胜的原因并不仅仅是高超军事指挥的艺术，还包括获得了民心。早在1946年5月的全面内战爆发前夕，共产党就深谋远虑地发动了土地革命，将地主手里的土地没收分配给贫苦农民。共产党由此得到了占中国人口90%农民的支持，民心向背已经不言而喻了。蒋介石忽视了农民的利益，加之国民党官场腐败，与共产党的廉洁（毛泽东每月只领几元钱津贴）形成的巨大反差，导致民心尽失。指挥失误加上民心背离，蒋介石焉有不败之理！直到兵败台湾，蒋介石在痛定思痛中才回过味儿来，于是在台湾省也效仿共产党搞起了土地改革，将地主土地赎买后分给农民和退伍士兵，但为时已晚。

第三节　民族复兴三部曲

一、中国站起来了

（一）中国出了个毛泽东

从1840年鸦片战争，到1949年中华人民共和国成立，中国经历了外辱内乱，一个在历史上曾经创造了世界灿烂文明的大国，几乎到了被毁灭边缘。1912年清王朝被推翻，中华民族曾经有过一次复兴的机会，但由于袁世凯称帝以及之后的军阀混战而烟消云散了。幸存的保皇派人物梁启超等还一直埋怨孙中山等发动暴力革命导致了无休止的内乱，也对袁世凯背叛戊戌维新恨之入骨。人们会有许多关于历史的假设，如果戊戌变法没有失败，像日本明治维新一样成功就会使清王朝强盛；如果袁世凯、孙中山不是华年早逝，中国就不会有两轮军阀混战了；如果1931年九一八事变时蒋介石和张学良挺起腰杆抗战，东北的几万日本护路兵就根本不是十几万东北军的对手，日本也不会在之后日益坐大成灾了。然而，历史却总是无情地向最不利于中华民族的方向发展！

苦难的历史并不能摧垮民族的根基，反而激发出这个古老民族更大的潜能，这就是5000多年文明所孕育的民族之魂。一位叫毛泽东的农民儿子，以及由他参与创建的中国共产党，承担起了民族复兴重担。毛泽东从青年起就博览群书，立志于解救民族于危难，在接受了马列主义的学说之后，成为一位坚定的马克思主义者。不同于其他科班出身的马克思主义者，毛泽东高明之处就是把马克思主义原理与他熟知的中国国情和中华传统文化有机结合起来。他出身农民，因此最了解中国的农民，以及在农民中蕴藏的巨大力量，由此他提出了“农村包围城市”的革命道路。作为一个熟读历史和经历了大革命挫折的革命者，他更懂得军队在革命中的地位，是他提出了“枪杆子里面出政权”的论断。作为一个战略指挥家，他把中国古代军事指挥艺术与现代战争实践有机结合起来，创造了堪称世界军事历史上的战争奇迹。此外，毛泽东以其非凡的领袖魅力，团结和领导了中国近代最为高效、忠诚、睿智的军事、政治精英组成的团队。斯大林曾经称赞毛泽东是“唯一用枪杆子，而不是靠共产国际帮助取得胜利的社会主义国家领袖”。

毛泽东把马列主义原理与中国革命实践相结合，利用土地改革得到了民众的拥护；他发动民众在敌后顽强抗击日本侵略者，并利用高超的军事指挥艺术，以弱小的军队最终战胜强敌，武装夺取了全国政权，建立了中华人民共和国。毛泽东是中国共产党的创始人之一，更在最困难的时候挽救了中国共产党和中国革命，是中华人民共和国的缔造者。1949年中华人民共和国的成立，是中国历史上的一个最重要的转折点，标志着中国百年民族苦难历史的终结，中国人民从此站起来了！“东方红，太阳升，中国出了个毛泽东。”这是中国人民对毛泽东的由衷赞美。

（二）新中国成立30年砥砺前行

1949年10月1日中华人民共和国成立，标志着从1840年来一个多世纪的民族屈辱历史的结束，也标志着从袁世凯去世后近半个世纪战乱的平息。令西方国家惊奇不已的是，领导中国成功的为什么是农民的儿子毛泽东，而不是寄予厚望的蒋介石。美国“有心栽花花不开”，而苏联“无心插柳柳成荫”。世界上不但又多了一个社会主义大国，而且这个大国在朝鲜又和美国打了个平手！中华人民共和国虽然贫穷，但不软弱，用毛泽东的一句话形容，就是“占人类总数四分之一的中国人从此站立起来了”。

新中国的成立，赶上了美苏两个阵营“冷战”开端，因为美国在朝鲜没有占到便宜，以美国为首的西方阵营对中国进行了全面经济封锁。由于照搬苏联的建设经验，以及“文化大命革”的影响，在新中国成立之初的30年间，中国一直在艰难曲折中行进。中国从1955年完成所有制改造后，进入社会主义计划经济时代，但近30年的和平建设并没有收到预期的发展效果。究其原因，其一是照搬苏联计划经济模式引起的水土不服；其二是西方国家经济的技术封锁；其三也是最主要的，用阶级斗争模式搞建设，特别是“文化大革命”引起的生产停滞。虽然在经济极端困难的条件下，倾全国之力研制出“两弹一星”，使中国成为核大国，中国国家安全问题得到保障。但综合国力以及人均收入都远落后于世界先进国家，中国仍属于贫穷落后的发展中国家。

二、中国富起来了

邓小平是老一辈革命家中较年轻的一个，从法国勤工俭学参加中共起，几乎参与了中国革命整个过程，他一直担任中央重要领导，“文化大革命”中曾两次受到不公正待遇。丰富的革命经历和30余年的几起几落，使他有机会对中国的前途和发展有了更深刻的感悟和思考。邓小平在大起大落中也参透了中国。于是在他恢复职务后，就成了中国改革开放的总设计师、总掌舵人。

中国改革开放起始于1978年12月中共第十一届三中全会。一批以邓小平为首的老干部，成为改革开放的中坚和智囊。改革首先在几个省展开，如广东在习仲勋主持下对外开放，搞经济特区；安徽在万里主持下农村包产到户；四川实行惠农政策。之后在全国铺开，包括设立经济特区、口岸开放等一系列的改革开放政策颁布。至2012年，中国经历了邓小平、江泽民、胡锦涛到习近平几代领导人的传承，坚持和平发展的道路，在国内保持和谐、稳定，在国际上奉行和平外交，倡导对话和合作共赢。在短短的30余年里，走过了其他工业化国家几百年的发展道路。

同毛泽东一样，邓小平也是一个坚定的马克思主义者。毛泽东当年把马克思主义与中国的革命实践相结合，取得了全国胜利；邓小平把马克思主义与中国改革开放的实践相结合，取得了巨大成就。中国的GDP从1978年的3678亿元人民币，增长到2012年的近53万亿元人民币；人均收入由1978年的384元人民币，增长到2012年的近4万元人民币。中国的钢铁、煤炭、水泥产量均达到世界第一，中国的基础建设、城市建设、交通、通信都实现了现代化，超越了美国和欧洲等发达国家。中国30多年的改革开放，使中国超越了世界许多发达国家，GDP在世界排名第二。虽然中国人均收入还远低于发达国家，但与改革开放前相比，中国真的富起来了，这是邓小平对中华民族的伟大贡献。

三、中国强起来了

习近平在2012年当选为中共中央总书记之后，改革开放进入深水区。以美国为首的西方社会并不乐于见到中国发展，而是从政治、军事多方位对中国施加压力。面对百年未有之大变局，习近平率领全党全国人民继续深化改革，包括进行供给侧结构性改革；积极投身第四次工业革命，激励高科技的人工智能、大数据、区块链发展；以强军为目标的军事体制改革；在依法治国的国策下加大反腐败力度，取得了巨大的成就。此外在外交方面，奉行和平外交政策，通过建设“一带一路”，倡导合作共赢，努力构建人类命运共同体。

（一）消除中国贫困人口

鉴于中国的贫困人口主要集中在偏远地区、少数民族聚居地区，扶贫具有了更重要的战略意义。从中共十八大以来，国家加大了扶贫力度。扶贫工作成了各级党政机关的工作重点之一，包括派遣大量干部到贫困地区工作，培养贫困人口的自救能力，变输血为造血；大力开展科技扶贫、教育扶贫，积极改善贫困人口的知识结构、劳动技能，改一般扶贫为精准扶贫；并发动村民之间的相互帮扶、合作，倡导共同富裕理念。2019 年统计，我国从 2012 年起每年递减贫困人口 1300 余万，目前已有 100% 的人口脱贫，中国脱贫人口占世界脱贫总人口的 70%。中国扶贫不但使国家稳定、民族团结，也使国力增强。

（二）军队改革与装备现代化

国家通过军队改革，打破了原有的军区制，建立了战区，陆、海、空三军改为陆军、海军、空军、火箭军和战略支援部队 5 个军种。大量减少非战斗现役人员和军官数量，整体裁军 30 余万。军改后部队更适合现代作战了，实现了扁平化管理和高效作战指挥。此次军改完成了解放军向现代化的华丽转身。

与军改相得益彰的是，解放军的装备也迅速向现代化发展。目前，中国虽然在整体军事装备方面与美、俄仍有一定的差距，但总的发展趋势是在快速赶超。随着国家经济实力的增强和高科技、人工智能的应用，实现国防和军队现代化已经可以预期了。

（三）反腐败

我国改革开放初期的另一个负面现象就是腐败滋生，除了官场贪污贿赂之外，新中国成立后一度绝迹的黄、赌、毒等社会丑恶现象也沉渣泛起，此外还有黑社会性质的组织、不法商人与官场勾结等。这些负面现象侵占了许多改革开放的红利，干扰了改革开放的深入进行。从党的十八大以来，下大力气惩治腐败和社会乱象。反腐败也有力地推动了改革开放的深化，获得了人民群众的广泛支持。伴随着各项党政监管制度的完善，中国正在致力建设清正、廉洁、高效的现代社会治理体系。这一体系建成后，有望彻底消除腐败的根源。

（四）深化经济体制改革

经过30余年的改革开放，实现了国家从“站起来”到“富起来”的伟大转折。但中国的高速发展也带来不少问题，这些问题不但成为阻碍改革开放深入发展的瓶颈，也与国家的国际政治、经济地位不相配。2013年，中国深化改革开放的战略决策，使之更适合现实国情，中国的经济模式已经不再像改革开放初期那样盲目照搬西方国家的成功经验，而是根据中国的国情加以消化，逐步构建起中国特色的社会主义市场经济模式。

（五）积极投身第四次工业革命

新中国成立以来，虽然西方国家一直没有停止技术封锁，但中国的科技发展还是取得了巨大的进步。特别是进入第四次工业革命时期，中国已经从跟跑者成为领跑者，在许多高科技领域实现了弯道超车。目前，中国的基础建设如铁路（高铁）、高速公路、通信网络以及城市建设都领先于世界，加之巨大的人口与教育红利，已经为投身第四次工业革命打下了良好的基础。目前，中国在高科技领域主要的领先项目包括：量子技术、云计算以及应用、人工智能、机器人、超级计算机、无人机、3D打印、自动驾驶、核聚变发电、新能源、超导技术与应用、电子商务、网络支付、5G通讯、区块链技术等。此外中国在军工技术如电磁炮、超级炸药、电磁弹射、隐身战机、自主卫星导航、空间站等方面也正在赶上或超过世界先进国家。

第四次工业革命给了正在崛起的中华民族以前所未有的新机遇，经过改革开放前期洗礼的中国，清醒地认识到了形势，牢牢抓住了这个机遇，及时制定了深化改革和两个一百年的奋斗目标，以及中华民族复兴的计划。可以说中国抓住了这一历史机遇，搭上第四次工业革命快车，成为拉动第四次工业革命的中坚力量。中国将与第四次工业革命相得益彰，大大加速自己民族复兴的进程。

在此基础上，习近平总书记适时提出高质量发展、加快发展新质生产力的要求，并对新质生产力的概念作出科学解释。①

（六）独立自主的和平外交政策

中国的日益强大引起了西方国家的警觉和不安，西方甚至在传播“中国威胁论”。事实上，中国独立自主的和平外交是有历史渊源的。例如，中国汉、唐、明、清时期，虽然是当时世界上绝无仅有的强盛国家，但军队仅限于保卫自己的疆土，或出兵保卫藩属国的利益，也曾拒绝过撤藩建省，或藩国主动归顺。这些都与中华文明的核心价值观息息相关。

新中国独立自主的和平外交政策源于20世纪50年代，由周恩来提出的和平共处五项原则，倡导不同社会制度国家求同存异、互不干涉内政、和平发展。及至改革开放，中国坚持不结盟，不选边站，积极参与国际多边主义合作，积极参加世界反恐合作，为中国赢得了40年的赶超世界先进国家的时间，也为世界的和平稳定作出贡献。2012年，中国将独立自主的和平外交政策纳入“一带一路”倡议之中，将外交融入打造人类命运共同体的战略考虑之中。中国以“一带一路”建设为契机，通过合作共赢，用和平方式、通过发展经济的途径，带动“一带一路”沿线国家共同富裕，共同发展。中国并不向外推行自己的政治模式，而是致力于保护世界多样性文明，倡导在平等基础上世界多样文明的融合与发展。

中华民族的复兴，是从1840年以来中国历代志士仁人的共同心愿，

---

① 参见《人民日报》2024年2月2日。

也是中国共产党人的理想之一。中国的“两个一百年”奋斗目标：在2021年，中国共产党成立一百年之际，全面建成小康社会；在中华人民共和国成立一百年之际，建成富强民主文明和谐美丽的社会主义现代化强国。“两个一百年”奋斗目标，也被称作中华民族复兴的中国梦。为实现这一民族复兴之梦，中国坚持走中国特色的社会主义道路，不断深化改革、稳中求进。中国真正强起来了。

（七）中美博弈

从1972年尼克松总统在基辛格的辅佐下开始中美关系的破冰之旅计算，中美关系的正常化确实造福于中国的改革开放与高速发展。从苏联解体后中美关系的逐步降温看，也正好与中国的和平崛起成反比关系。美国并非如一些西方政客宣传的那样“乐见中国和平崛起”，而是由不乐见到焦虑，由不帮助到打压。可见打压中国、抹黑中国，给中国设置障碍并非特朗普和拜登的专利；而是从克林顿到小布什、奥巴马、特朗普以及拜登一脉相承，虽然他们的党派主张不同，性格迥异，但他们总是从零和博弈的观念出发，认为中国的发展会威胁到美国的利益。然而，历史的发展却总是不以人们的意志为转移，上帝也似乎没有偏袒这些把信仰印在货币上的选民。在“9·11”之后的20年，美国利用自己的政治、经济和军事优势，不仅摧毁了阿富汗、伊拉克、利比亚，也打残了叙利亚，改变了中东、东欧许多国家的政治格局，可谓呼风唤雨，让全世界围着美国的布局转。然而回过头来看时，却发现除了花费数万亿美元、付出大量的人员伤亡外，美国既没有实现其目标，也没有获得预期的利益，反而得到的是仇恨和怨气，其行为造成了毁灭和人道主义灾难。

美国20余年忙于战争，中国20余年来辛勤发展与建设，以至中国的基础建设超过美国，经济和高科技与美国的距离拉近，这并不是中国的过错。美国的朝野为之震动，把怨气撒到中国头上也是守成国的心理所致。特朗普总统在位时奉行单边主义，忙于打压中国并薅全世界的“羊毛”，一心想搞“美国优先”，甚至连人命关天的新冠疫情也无暇顾及，可惜美国非但没有达到目的，反而使得医学最为发达的美国，成了世界最严重的疫区，感染、死亡人数成为世界之最。本可以借打压中国收割民心的特朗普总统，却因为抗议不力而“马失前蹄”，离开了做美国最伟大总统梦的“纸牌屋”。新任总统拜登急于修补特朗普留下的烂摊子，无奈内外交困，国内疫情肆虐，族群分裂，党派之争白热化；国外盟友反目，陷入战争泥潭不能自拔。拜登上任伊始，忙于补锅，已倍感力不从心。

反观中国，在疫情最早肆虐时走出了艰难的一步，率先使疫情得到控制，之后在严控国外疫情输入的措施下努力发展国民经济，成为全世界少有的经济正增长的国家。面对特朗普领导下的美国针对中国的贸易摩擦和科技打压，中国不但没有像20年前日本等国那样全面崩溃，反而愈战愈强，中美贸易借疫情反弹，出现历史新高。中国经历了疫情的洗礼，美国打压、制裁的考验，反而增强了道路自信、理论自信、制度自信和文化自信，全国人民空前的团结，社会更加稳定，军事实力不断加强。最重要的是，在国民心目中对于西方社会的信任度和安全感在逐步降温，西方民主与人权的神话也被社会主义制度的优越性所碾压。中美博弈的结果已然明确，美国非但没有压垮中国，反而加速了自己的衰败，虽然拜登时代的中美关系还会有竞争与对抗，但合作的领域在不断加大，中国所主张和践行的合作共赢，应该是未来中美关系的唯一出路。

第四节　马克思主义在中国的实践

一、历史的必然性

马克思主义为什么能在中国扎根，在全世界都在唱衰共产主义的时候，中国共产党为什么能为马克思主义继续发展提供良好的土壤。这并非偶然，而是具有一定的历史必然性。

从毛泽东思想，到中国特色社会主义理论体系，再到习近平新时代中国特色社会主义思想，马克思主义中国化实现了三次伟大飞跃，中国的领导人们也引领中国经历了站起来、富起来、强起来的历史性变革。中国已经成为世界经济强国和一个负责任的大国，是维护世界和平与稳定的中坚力量。在东欧剧变、苏联解体后，中国走出了一条独立自主的社会主义发展道路，搭上了第四次工业革命的快车，弯道超车，成为世界第二大经济实体，并且不断缩小与美国的差距。中国成功的秘诀是什么？就是因为中国的领导人是真正的马克思主义者，他们把马克思主义作为一项发展的社会科学，把马克思主义的普遍原理同中国革命和改革开放的具体实践相结合。

诞生于19世纪40年代的马克思主义，是在批判继承人类历史文化遗产基础上，面对近代资本主义不可调和的社会矛盾和周期性经济危机而给出的最佳解决方案。虽然经过了两次世界大战和“冷战”，国际政治结构发生了巨变，世界工业以及生产格局与19世纪比较已彻底改观，但当年困扰资本主义的经济危机依然存在，生产资料私人占有与生产社会化矛盾至今没有解决。资本主义世界这种结构性矛盾已然成为第四次工业革命、阻碍经济全球化发展的最大障碍。

中国的成功证明，马克思主义具有巨大的生命力，其传承不会因为苏联和东欧的失败而阻断。马克思主义具有很强的包容性，中国改革开放并没有拒绝西方的市场经济，而是将其改造成为中国特色的社会主义市场经济。中国的社会主义核心价值观没有拒绝中国古代文化、西方文化甚至宗教文化中的优秀成分，而是将其吸纳和升华为社会主义核心价值观的一部分。马克思主义在中国深化改革、民族复兴大业中将会有更大的发展空间，成为人类最优秀的思想文化遗产。从另一种意义上讲，中华民族的伟大复兴，其实就是马克思主义原理与中国改革开放实践相结合的产物。

在中华文化熏陶下成长起来的中国共产党人，把马克思主义的普遍真理与中国革命和改革开放的具体实践相结合，拯救民族于危难，使中华民族走上民族复兴之道。马克思主义被中国共产党继承和发扬光大，其意义不仅仅是一种思想信念的延续，而是其与博大精深和广泛包容的中华文明相结合，打开了通向世界优秀文化遗产宝库的大门，在中华文化的沃土上，马克思主义开始了真正的向共产主义过渡之路。而中华民族的伟大复兴，成为马克思主义发展过渡的最可靠的保障。

二、中华文明与马克思主义结合

如果从公元前19世纪大禹时代起算，到20世纪初清朝统治结束，中国的封建社会已经存在了近4000余年；而中华文明的源头更可追溯到公元前27世纪的黄帝时代，距今已有5000余年，中华文化的精髓是“儒、释、道”的融合。中华文明在东方一枝独秀，是世界仅存的没有中断的古代文明。

19世纪40年代到20世纪40年代，中华民族经历了前所未有的百年磨难，以洋枪洋炮为后盾的资本主义价值观轻易挫败了大刀长矛所护佑的中华文明。“自由、平等、博爱”取代了礼义廉耻，社会利益关系调整手段单一化，以社会最低行为准则为基线的“法制”成为最为推崇的管理制度。内乱外患使民众的求生本能被激发，道德教化也被利己主义淹没。然而几千年传承下来的道德观念、文化传统已经渗透到了民族的血脉之中，中华民族的底蕴并没有丢失，中华文明并不衰落，而是随着东方雄狮沉睡了百年。

作为中华民族宝贵遗产的中华文明与人类社会最先进的思想的马克思主义终于在21世纪初会师了。与马克思主义相遇是中华文明涅槃的开始。1949年中华人民共和国成立，标志着东方睡狮觉醒，也标志着马克思主义在中国胜利。中国摆脱了半封建半殖民屈辱经历，在此后70余年中，找到了富国、强国之路，开启了民族复兴的伟大历程。被冷落了百年的中华文明也像被尘封宝藏，在历史污垢被洗刷后，显露出灿烂真面目。

随着中国共产党“两个一百年”宏伟计划的实施，中华民族伟大复兴被提上了日程，而在历史上支撑民族强盛的中华文明也被重新认识。中华文明一贯秉承的开放与包容，以及其博大精深思想与文化内涵，与马克思主义的科学性、先进性、前瞻性相结合，将会使马克思主义扎根于中华文明的沃土，吸收其精华；也将会使中华文明焕发新的生机，对培育和践行中国特色社会主义核心价值观产生积极的影响；也将在中华民族伟大复兴、构建人类命运共同体的历史进程中发挥巨大作用。

本章结语

从1840年起，在近两个世纪漫长岁月中，中国经历了由弱到强的民族复兴历程。中国的近代精英们一直在做着民族复兴的梦，无论是康有为、梁启超的改良派，还是孙中山等的激进派，都没有找到民族复兴的正确道路，反而是引发了内忧外患。1839 年 6 月林则徐在广东虎门销毁英国人的鸦片，着实使中国人自豪了一回。然而随后 100 余年的民族苦难，又让中国人欲哭无泪。直到 1949 年中华人民共和国成立，中华民族的磨难方告终结。民族复兴的历史重任落到中国共产党人身上。

实现中华民族的复兴，并不是中国共产党人的最终目的，而是为马克思主义终极目标实现奠定良好的基础。一个具有强大政治、军事和经济实力的中国，将成为国际和平稳定器、国际经济发展驱动机，成为人类放弃零和博弈，构建人类命运共同体之保障，而合作共赢，就是唯一的正确途径。

马克思主义诞生以来，经历了巴黎公社革命、俄国十月革命、第二次世界大战、中国革命胜利、美苏“冷战”、苏联解体以及中国改革开放等一系列成功、挫折，砥砺前行的马克思主义经过许多艰难曲折，终于通过中国共产党人的成功实践，开辟了一条通向共产主义理想的新通道。几代中国共产党人，把马克思主义的科学社会主义理论与中国的具体实践相结合，成功夺取了政权，进行了改革开放，并义无反顾走上了民族复兴、打造人类命运共同体的历史征程。可以预期，在中国“两个一百年”奋斗目标实现的 21 世纪中叶，将是马克思主义在全世界胜利的新开端。中国将引领世界，最终实现马克思主义的伟大理想。

第七章

蓝色文明的曙光

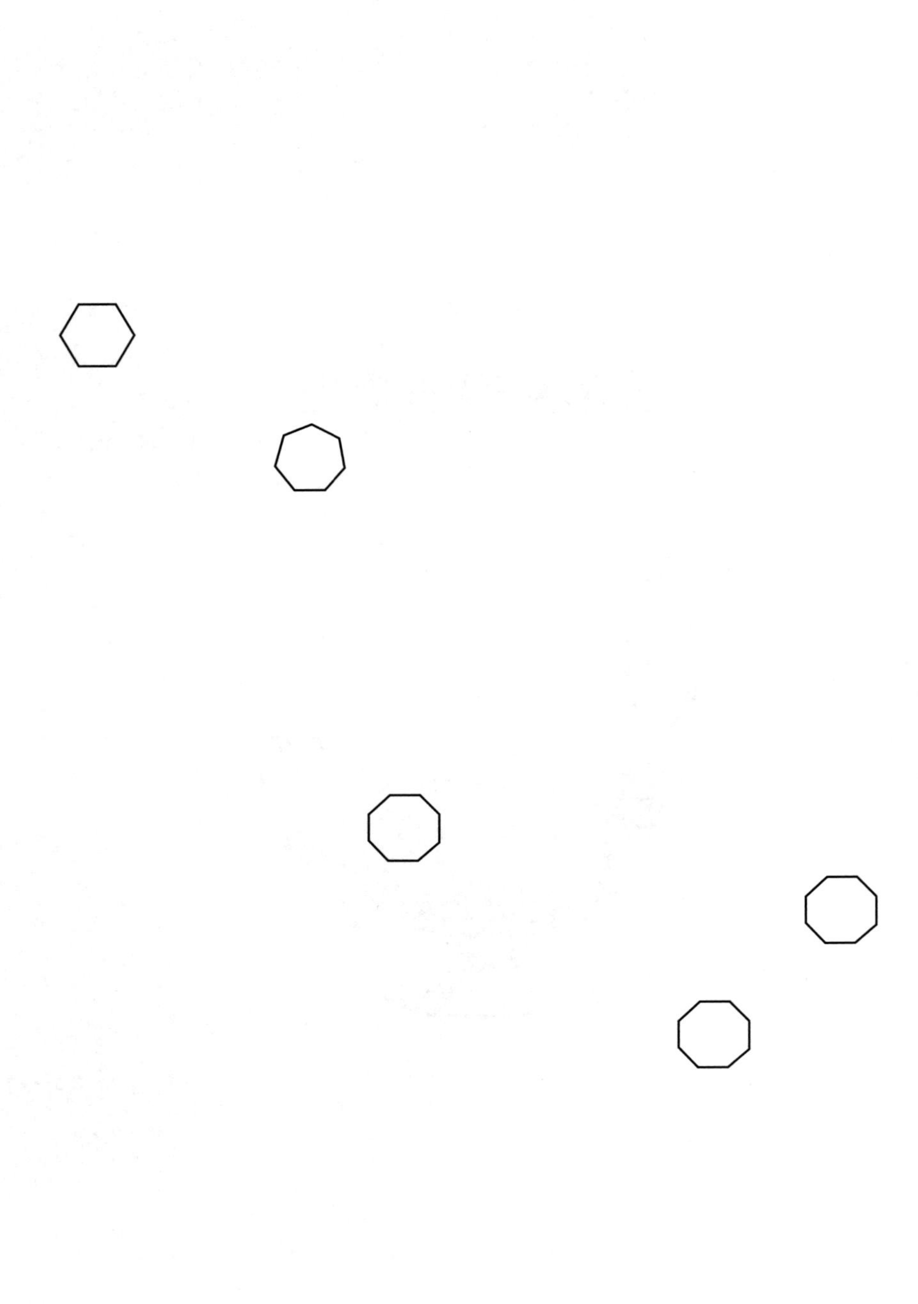

第一节　人类理想社会

自从进入文明时代，人类就从未停止过对理想社会形态的探索。而这种探索无一不是基于对当时现实社会的批判和检讨，期望用更完美的社会形态来取代。柏拉图的“理想国”、孔子的“天下大同”、摩尔的“乌托邦”、圣西门和傅立叶的“社会主义”，马克思、恩格斯之前的思想家们一直在探寻。

一、“理想国”试验

公元前431—前405年，在希腊半岛上发生了一场堪称“世界大战”的战争，史称伯罗奔尼撒战争，以雅典为首的提洛同盟和以斯巴达为首的伯罗奔尼撒联盟之间，经过近30年征战，双方皆筋疲力尽，终于以雅典的屈服，斯巴达的胜出结束。柏拉图经历了恩师苏格拉底的死难，出于对雅典民主体制（其实是奴隶主之间的民主）以及战争与杀戮厌恶的动因，参照斯巴达的专制体制以及军事立国思想，设计了“理想国”的制度。

在理想国中，国民被划分为三个等级：治国者、武士和劳动者，分别代表了智慧、勇敢和欲望三种品质。治国者均是德高望重的哲学家，按照理性的指引去公正地治理国家；武士们辅助治国，用忠诚和勇敢保卫国家安全；劳动者为国家提供物质生活资料。治国者和武士没有私产和家庭，因为私产是一切私心邪念根源。劳动者也绝不允许拥有奢华物品。理想国很重视教育，国民从儿童时代就要接受音乐、体育、数学到哲学终身教育。柏拉图的理想国中，没有私人财产、没有家庭，是共产、共妻和共子女的，这也是柏拉图理想国思想最受诟病的内容。

如果了解斯巴达政治体制和军事教育状况，就会看出柏拉图的理想国其实是对斯巴达制度的修正。斯巴达的统治者被换成了最睿智的哲学家，斯巴达的武士成了国家保卫者，斯巴达的奴隶亚美尼亚人被提升为劳动者，斯巴达的军事教育换成全方位的国民教育。但与斯巴达不同的是，理想国中的人没有婚姻、家庭和私有财产，一切按照需要配给。理想国被设计成了一部比斯巴达更高效的战争机器，每个国民都是战争机器的一个零件。曾经有人认为柏拉图是在鼓励“可怕”的专制主义制度，其实这是对雅典城邦的“民主”制度并不了解。在柏拉图看来，理想国超越了雅典和斯巴达，是在当时已知的世界上最理想的国家体制了。

柏拉图不但是“理想国”的设计师，还是这个体制的建筑师。公元前387、前367和前361年，柏拉图曾三赴西西里岛叙拉古宫廷，积极推销和建设他的“理想国”。但最终还是和他的学生狄奥尼修二世不欢而散，理想国的建设也成泡影。重回雅典的柏拉图不再推进理想国，而是退而求其次，完成了12篇的《法律篇》，设计了理想国之外的第二等好政体，其实是对理想国政体的修正。与理想国不同之处就是由哲学家专权的政体转为混合政体，以防个人专权。私有制和家庭代替了公产、公妻、公育制度，划分国民等级的标准也不再是依天赋，而是以财产多少为标准。明显看出，柏拉图这是针对狄奥尼修二世的专制和理想国试验失败所作的改变。但这一改变却具有了更为深远的历史意义，柏拉图的《法律篇》成了2000年后现代法治社会的理论源头。这是柏拉图当年在无奈之下撰写《法律篇》时不可能想象到的。

二、“大同”与“小康”

早在柏拉图设计理想国的前一个世纪，孔子关于理想社会形态思想已经成型。据《礼记·礼运》篇记载，孔子在参加鲁国的一项祭祀之后，与学生们同游城郭，发出长叹。学生问及为何而叹息，孔子说是因未能赶上一心向往的夏、商、西周的英明君主当政的时代。之后向学生讲述了“大同”与“小康”两种社会形态：“大道之行也，天下为公。选贤与能，讲信修睦，故人不独亲其亲，不独子其子，使老有所终，壮有所用，幼有所长，矜、寡、孤、独、废疾者兼有所养，男有分，女有归。货恶其弃于地也，不必藏于己；力恶其不出于身也，不必为己。是故谋闭而不兴，盗窃乱贼而不作，故外户而不闭，是谓大同。”“今大道既隐，天下为家。各亲其亲，各子其子，货力为己，大人世及以为礼。城郭沟池以为固，礼义以为纪。以正君臣，以笃父子，以睦兄弟，以和夫妇，以设制度，以立田里，以贤勇知，以功为己。故谋用是作，而兵由此起。禹、汤、文、武、成王、周公，由此其选也。此六君子者，未有不谨于礼者也。以著其义，以考其信，著有过，刑仁讲让，示民有常。如有不由此者，在势者去，众以为殃，是谓小康。”

孔子在此描述了两种社会形态：一种是“大同”，另一种是“小康”。在大同社会中，天下属于公众，一切都由道德加以规范。人们推举贤能者为领袖，以信用交往，不分亲疏，老有所养，壮有所用，幼有所教，孤、寡、残疾人都有照顾，男有分工，女有归属，物资不浪费，不私藏；人尽其力，并不为己，无人谋反作乱，盗贼绝迹，人们外出不用关门。这种大同社会在人类上古时期曾有过，部族首领实行禅让制，推举最有贤能的人担任，如尧、舜、禹时代。在中国2000余年的封建社会中，这种社会形态一直作为楷模被称颂。在孔子描述的小康社会中，由于大道的条件消失，天下已为君主所有，人们只敬自己父母，疼爱自己孩子，出力求财为自己，财产、权力都由后代继承，国家建起了城池防外患。在缺乏道德规范的情况下，人就会产生奸诈之心，战乱就会发生。因此，统治者不得不退而求其次，即用礼仪来维护社会的稳定与发展。君臣、父子、兄弟、夫妻关系和谐，建立社会管理制度，敬重知识和道德，奖励有功者。孔子认为之前的六代君子（禹、汤、文、武、成王、周公），都选择了以礼治国。以礼仪作为规范社会的准则，通过褒奖、处罚使民众形成良好社会风气，不尊礼仪者，为社会所不容。这种由礼仪规范的“小康”社会，其实就是孔子积极向当时的统治者们推荐的。在孔子看来，鉴于春秋战国时期的实际情况，建立“大同”的“天下为公”社会条件已经消失。但在“天下为私”的情况下，建立一个用礼仪规范的“小康”社会，也是好于当时的各国混战、民不聊生的局面的。虽然现代社会的人们都明白，当时“天下为公”的“大同”社会的存在基础是生产力的极度低下，人们之所以没有私有财产是因为没有剩余，为了在极端恶劣的自然条件下生存，为了跟野兽和异族搏斗，人们不得不“大同”。虽然当时孔子还不可能认识到这些，但并不影响他中国伟大思想家的历史地位。

从表面上看，孔子似乎也与柏拉图一样，在最好的社会形态和第二好的社会形态之间选择了后者，但与柏拉图不同的是，孔子之所以选择“小康”而不选择“大同”，是因为当时已经没有“大同”社会存在的条件。而这种用礼仪规范的“小康”社会形态，也是在孔子之后2000余年中国封建社会的基本形态。这就是孔子的伟大之处，如果用现代语言来表述，孔子应被称为中国封建社会的总设计师。

在孔子之后，中国历史上还有许多对美好社会形态的探索。包括陶渊明的“世外桃源”、康有为的“大同书”、孙中山的“天下为公”。但这些理想化的设计，并没有进入实践环节，直到马克思主义传入中国。

图7-1 《三月》，[苏联] 日特科夫·拉曼·菲利波维奇

三、“乌托邦”

1516年英国学者托马斯·摩尔出版了《乌托邦》，从此揭开了欧洲研究和实践社会主义序幕。事实上，欧洲社会主义思想几乎与资本主义思想同步萌发，在许多情况下是出于对资本主义原始积累种种弊端的反思，而试图设计更为优越社会制度的初衷。

在摩尔描述的“乌托邦”中，没有私有财产、没有等级，管理公共事务者由选举产生，实现民主的形式是议会，管理者通过选举轮换，议会具有最高决策权。“乌托邦”没有法律，公民自理诉讼，法官根据公平、正义理念裁判。每个人都要从事农耕，并具有一种手工业技能。所有产品集中到市场，由其他人按需取用。所有公民都享受终身教育，崇尚科学，人际关系一律平等，互助、友爱、男女平等，实行一夫一妻制，生活简朴，崇尚健康娱乐，鄙视奢靡。

“乌托邦”像一个现代版的“理想国”，也有孔子“大同”社会的影子。“乌托邦”社会管理制度是西方民主制度的社会主义改良版，除了没有军队（由乌托邦雇佣）、法律、货币和私有财产外，在许多方面都是针对当时英国资本主义制度弊端的改善。

“乌托邦”社会主义制度看似粗糙，但随之引发了欧洲的社会主义思潮。类似的著作还有康帕内拉的《太阳城》、阿德里拉的《基督城》等。到 19 世纪三四十年代，欧洲社会主义思潮发展到了顶峰。

四、“空想社会主义”

（一）圣西门——社会主义思想的创始人

圣西门（1760—1825 年）、傅立叶、欧文被马克思、恩格斯并列为空想社会主义三大代表人物。圣西门从一个封建贵族、资产阶级革命积极参加者，到穷困潦倒，靠接济度过余生的独特经历，使他认识到了自己曾舍弃贵族头衔追求的资本主义社会的弊端，特别是在社会最底层生活的经历，成了他为无产者代言，设计社会主义制度的动力。圣西门的社会主义思想体系包括：社会主义是历史发展的产物。社会发展的过程是一个连续的、上升的、进步的发展过程。封建社会崩溃后，由资本主义取而代之，而资本主义也将由一个更高级、完善的社会取代。资本主义社会的问题就在于利己主义，使人们道德沦丧、精神低下、贪得无厌、对公益事业毫不关心，这也是资本主义社会统治者们获得特权、盘剥人民和发动侵略的源泉。圣西门设计的社会主义是以科学和实业为基础的，由人民选举优秀实业家为领袖，领导者与人民为平等关系。关于社会主义的财产关系，虽不主张废除私有制，但主张应既兼顾自由和财富，又造福于整个社会。并使大多无产者拥有财富，能出色管理财产。圣西门认为工厂主、商人、银行家和农场主都是劳动者，一切人都要劳动，应建立新的道德风尚，反对利己主义，提高文化修养，为大多数人服务。圣西门重视社会教育，主张知识和道德品质教育并重。但对于如何过渡到社会主义，圣西门主张通过和平途径，“改革家绝不应当依靠刺刀来实现自己的想法”。

（二）傅立叶的“法朗吉”

傅立叶（1772—1837 年）对资本主义社会极端鄙视，认为资本主义制度是万恶之源，是人人互相反对的战争，是贫富分化的根源、商业欺诈的乐园、道德败坏的温床。傅立叶主张消灭这种制度，建立和谐制度，人民按照性格组成“法朗吉”的合作社，“法朗吉”的产品按照劳动、资本和才能分配。人人都可以入股成为资本家，阶级对立可以被消除；个人利益和集体利益是一致的，人人劳动，男女平等，免费教育，工农结合，没有城乡差别，没有脑力劳动和体力劳动的差别。傅立叶认为社会主义的组织和分配方案可以使资本和劳动的矛盾得到调和，从而达到人人幸福和社会和谐。

（三）欧文的“社会主义”试验

欧文（1771—1858 年）出生于英国一个工匠家庭，他除了是一位社会主义的理论家、实践家外，还是一位伟大的教育家和改革家。欧文提出的教育与生产劳动相结合，培养智、德、体全面发展的一代新人的教育思想，不仅受到马克思的赞誉，也为毛泽东所采纳，成为中国的基本教育方针。欧文的教育思想至今仍影响深远，他认为“教育下一代是最重大的课题”“教育是国家最高利益所在，是世界各国政府的一项压倒一切的紧要任务”。欧文还是世界学前教育的先驱，他在苏格兰首创了“幼儿学校”，包括了托儿所、幼儿园和游戏场。幼儿教育中注重培养儿童认知能力、道德、美育和劳动习惯。欧文的幼儿教育实践，是为了实现他为社会主义制度培养一代新人的梦想同时也成了幼儿教育的典范。

欧文的社会主义思想也有一个形成的过程，当欧文从学徒逐步成长为一名工厂的管理者之后，他发现了当时资本家们过分重视机器而漠视人的弊端，因此致力于改善工人的劳动条件，包括创造好的工作场所、缩短工作时间、禁止童工、为工人解决住房、工厂绿化、建立俱乐部、建立公共学校“性格陶冶馆”等。欧文的人性化管理，取得了巨大的经济和社会效益，成为欧洲工业的典范，甚至吸引了俄国的沙皇专程参观。从这个角度看，欧文也是现代企业管理的先驱。

欧文的教育实践和管理实践为他的社会主义思想打下了基础，社会主义制度需要新的人，需要更优越高效的管理体制，而这一切在他优化资本主义工业管理中遇到了不可突破的障碍，那就是私有制。于是欧文在具备一定经济基础之后，1824 年在美国印第安纳州买下了一块土地，带领 400 余人创办了“新和谐公社”，实行生产资料公有制、权利平等、民主管理。欧文的“新和谐公社”完全是在消除资本主义企业弊端基础上建立起来的理想社会，一切都是设计和计划之中，虽然无可挑剔，但却不能在资本主义的汪洋大海中生存下去，因此在 4 年后破产。欧文的社会主义实验虽然以失败告终，但为之后的社会主义运动留下了宝贵的历史经验。

第二节　马克思主义

1848 年 2 月 21 日，英国伦敦出版了一本震惊世界的小册子，名为

《共产党宣言》，作者是马克思和恩格斯。《共产党宣言》出版，可谓一石激起千层浪，欧洲思想界被震撼了，政界为之恼怒，文艺复兴培养起来的资本主义世界自信随之动摇。工人阶层、劳苦大众有了思想武器，之前哲学家们如尼采、卢梭等都从不同角度论述了资本主义制度的不合理性，傅立叶、欧文也尝试过用改良的方法加以纠正，但都付诸东流。马克思、恩格斯所设计的社会主义是由无产阶级夺取政权，国家掌握生产资料，向产品极大丰富，各尽所能、按需分配的共产主义社会过渡。无产阶级被赋予了崇高使命，不但要解放自己，还要解放全人类。《共产党宣言》不仅仅是工人阶级和社会主义者的"圣经"，也被认为是人类社会的共同财富。

《共产党宣言》使世界开始认识马克思和恩格斯，在整个 20 世纪，马克思和恩格斯声名鹊起，超过了许多历史伟人。《共产党宣言》里一句口号"全世界无产者联合起来"，成为世界无产阶级革命动员令。一首《国际歌》旋律，可以使不同民族、语言的革命者团结一致。如同多数伟大人物，马克思和恩格斯的人生经历也充满了艰辛，特别是马克思，一生经受了种种迫害，在欧洲各国颠沛流离，靠恩格斯接济艰难度日，过着最低标准的生活，却在任何艰苦环境下都不忘研究和创作。马克思的经典著作《资本论》，就是在伦敦最艰苦条件下完成的，当时马克思本人疾病和债务缠身，三个孩子不幸离世，马克思经历了常人难以承受的痛苦煎熬，却写出了对人类影响巨大的著作，不由令人联想到中国古代屈原作《离骚》、司马迁作《史记》的类似悲壮情形，而马克思著作的影响，远高于二者。

一、西方哲学的升华

占据世界哲学中心的德国古典哲学，是马克思主义哲学的主要渊源。马克思是在汲取黑格尔辩证法和费尔巴哈唯物论思想基础上，创造了辩证唯物论为基础的哲学体系。但马克思并不是对二者的简单拼接，而是将这些人类优秀哲学智慧有机融合与升华，使其成为一个具有合理推理和严密逻辑的整体。

（一）辩证唯物主义

马克思所创立的辩证唯物主义，是唯物主义和辩证法的有机统一。在人类意识形态中，世界基本构成元素有物质和意识两个范畴。但究竟是物质决定了意识，还是意识决定了物质，哲学家们一直争论不休，由此分化成唯物主义和唯心主义两大阵营。近代哲学家们一直被这两个绝对化命题所困扰，就像争论究竟是鸡生蛋还是蛋生鸡一般。马克思、恩格斯伟大贡献就在于发现了这种固定、平面研究哲学问题的弊端，将哲学研究视野放到不断发展变化的人类社会中，从动态角度去研究物质与意识的关系，从而把哲学从绝对化认识论的牛角尖里解放了出来。

辩证唯物主义吸取了黑格尔辩证法的“合理内核”和费尔巴哈唯物主义的“基本内核”，并将其置于不断发展变化的人类社会之中，于是唯物主义和唯心主义的死结就自然而然被解开了。虽然物质先于精神存在的形式不会改变，但在人类社会发展中，意识和物质是对立统一的关系。意识对于物质的反作用，既包括人类获得物质的欲望，又包括人类为获得物质而应用的技能与手段；所有这些在人类掌握了语言和文字，掌握了科学技术后，获得物质成为人类可预期的生产手段，于是唯心主义有了更充分的立足理由。如果割裂了人类进化的过程，也不考虑物质产品的不断完善需求，单从某一件产品，或某一个历史事件孤立地考证，唯心主义有其合理性。但如果纳入人类社会的进化过程中，用社会的、运动与发展的观点考察，就会发现唯心主义的症结所在。辩证唯物主义正好补上了这一缺憾，用来合理解释人类社会不断发展变化之中的物质与精神的关系。

关于物质，其提出：（1）世界统一性在于它的物质性，物质是世界一切变化的基础；（2）运动是物质存在形式，物质运动是绝对的，而静止是相对的；（3）物质是最初决定精神的产物，精神反过来对物质产生反作用，包括对物质的复制、改造和完善，甚至创造新物质。人类的社会存在决定社会意识，社会不断发展和变化是有规律可循的，人的社会意识不仅包括对于客观规律的认识，还包括运用客观规律于物质生产与社会改造。

马克思、恩格斯通过对自然界和人类社会深入考察，发现了规律：对立统一规律、质量互变规律、否定之否定规律。辩正唯物主义与旧唯物主义的根本区别在于辩证唯物主义把实践引入认识中，承认实践对认识的决定作用；将辩证法同认识论紧密地结合起来，使认识论发展为能动的、革命的反映论；辩证唯物主义将认识世界和改造世界统一起来。

（二）历史唯物主义

历史唯物主义是哲学中关于人类社会发展一般规律的理论。人类社会发展是有客观规律可循的，历史的所有事件发生的根本原因是物质丰富程度。物质生活的生产方式决定着社会、政治、精神生活。如果从物质与意识层面考察，是社会存在决定社会意识，而社会意识又可以维系或者改变社会存在。历史唯物主义的基本规律，贯穿于整个人类社会发展进程中。人类社会由低级向高级转化，也遵循着由量变到质变，对立统一和否定之否定的规律。

（1）关于生产力和生产关系。

人类社会无论是最初原始采摘、农耕畜牧还是现代工农业生产，都是由劳动生产者用手或者使用工具进行的。采摘或者生产以及物质资料、条件对象构成劳动生产过程。这个过程包括对于自然物质的收纳、加工、再造、提升甚至创造出新的物质。在现代社会中，这一过程越趋复杂，自动化、互联网、云计算、人工智能、机器人等高科技手段和技能也成为生产的主要力量。这种人类社会的劳动者和劳动资料及劳动对象，都被归结为生产力范畴。

在生产力之外，还有一项影响和制约生产力的东西，那就是人类在生产活动中形成的不以人的意志为转移的经济关系。就是人类在再生产的过程中结成的相互关系，包括生产、分配、交换、消费等诸多关系在内的生产关系体系。

生产力与生产关系矛盾运动规律是人类社会发展的基本规律，二者是对立统一的关系，相互依存，相互作用。生产力是矛盾的主要方面，生产关系是矛盾的次要方面。二者是否定之否定的辩证关系。

人类社会出现了私有制，生产关系的问题也变得复杂了，生产资料所有制是生产关系的基础，生产资料所有者就可以掌控生产关系，在生产、交换中具有决策权，在分配和消费中具有优先权。生产资料所有者出于对财产增值的追求，就会影响生产关系向有利于自己方向发展，而与社会需求产生对立，导致生产力畸形发展。

（2）关于经济基础与上层建筑。

马克思在1859年《政治经济学批判》中对经济基础和上层建筑做了如此表述："人们在自己生活的社会生产中发生的一定的、必然的、不以他们的意志为转移的关系，即同他们的物质生产力的一定发展阶段相适合的生产关系。这些生产关系的总和构成社会的经济结构，即有法律的和政治的上层建筑竖立其上并有一定的社会意识形式与之相适应的现实基础。"

上层建筑以经济基础为基础，包括观念上层建筑和政治上层建筑两个方面。观念上层建筑包括政治法律思想、道德、宗教、文化艺术、哲学等思想观点；政治上层建筑包括军队、警察、法庭、监狱、政府与非政府组织、政党、社团等组织形态和设施。笔者认为，属于上层建筑的社会意识形态具有如下特点。其一，以“国家政权”为中心，完全摆脱作为思想附属物的地位，而成为独立的、“支配人的意识形态的力量”，并产生了“国家意识形态”。其二，“国家意识形态”具有强烈的“阶级性”，反映了“国家统治阶级”的意志。而国家统治阶级也是支配着国家物质生产资料的阶级，同时也支配着国家的精神产品。其三，现代社会的上层建筑与经济基础相适应，正在突破国家壁垒，向联盟化、全球化发展。

（三）马克思主义认识论

辩证唯物主义认识论是辩证唯物主义中的一个重要组成部分，是关于人类的认识来源、认识能力、认识形式、认识过程和认识真理性问题的科学认识理论。与唯心主义认识论相比较，有特殊之处。

（1）世界是可知的。

世界是可以被人类所认识的，人类不仅可以认识世界的各种现象，还可以透过现象认清事物的本质。世界上只有尚未认识的事物，而没有不可认识的事物。随着人类对于客观外在世界认识能力不断加强，人类对于世界认识盲区在不断减少，认识视野不断拓展。目前人类对于宇宙和深海的探索，对于微小粒子研究，以及不断发现的新物质，都是对世界认识的不断深化。人类对世界认识不断深化，从而获得了更多科学和技术，促进了人类社会发展。特别是近代以来，人类用不到 3 个世纪时间，完成了从农耕社会向工业化、现代化、信息化社会转变，这都是得益于对客观世界的认识。

（2）认识是人脑对客观外界事物反映。

物质世界不依赖于人的意志而独立存在，人的意识是大脑对物质世界的反映，是从对物质感觉到思想的认识过程。我们赖以生存的地球，早在人类出现之前的数十亿年就存在，之后逐步进化出生物，并且长期保持着生态平衡。人类通过进化从动物世界分离的过程，也是一个人类意识对物质世界反映的发展过程。得益于语言和文字对思维的助力，人类的意识对物质世界反映机能呈几何级数增长。现代社会中人类对于客观事物认识，已经到了可预期程度，例如，天气预报、工程设计、地质灾害预警等。但人类面对任何事物，即使具有丰富的认识和感知经验，仍需要了解其特殊性，否则就会误入经验主义道路。

（3）实践是认识的途径和检验真理的唯一标准。

实践就是人类参加社会或者生产的有意识的活动过程，哲学家称之为“人们能动地改造和探索现实世界一切客观物质的社会性活动”。认识世界是通过实践途径进行的，实践同时也是认识世界的唯一途径。人类认识世界是为了更好了解和把握世界，而如果离开实践，就无法认识世界。实践既是认识的基础和来源，也是认识的动力和目的，认识世界所获得的知识和经验，迟早都要被应用于对物质世界改造之中。

如何判断人类对于物质世界认识的正确性，其最有效的办法还是将认识应用于改造物质世界的行为中，如果获得成功，就是真理，反之就是谬误。当然，人类对物质世界认识也是一个不断深化和完善的过程，在许多情况下不可能一蹴而就。因此在实践中对于真理的检验也是一个过程。

（4）认识与实践是一个辩证的、不断深化的过程。

认识和实践的辩证关系是：认识来自实践，受到实践检验；由实践产生的认识被验证为真理后，同时会用于指导实践，为实践服务，从而提高实践能力和效益。认识和实践是一个不断深化和完善的过程，人类对于客观物质世界的认识是不断实践、认识、再实践、再认识的循环往复不断上升的过程，而就整个人类和物质世界的关系来说，这种不断深化的过程从来没有停止过。迄今为止，人类社会所有的智力成果、科学技术知识，都是通过这一循环上升过程获得的，而人类社会所有的精神与物质财富，也都是在这一循环上升过程中创造的。

认识与实践的辩证关系，也是人类社会发展的驱动力。人类社会从原始到现代，从动物中的一员到地球生物的主宰，凭借的就是这种对物质世界不断深化的认识与实践。

马克思主义把西方哲学从绝对化沼泽中解救出来，使其摆脱了狭隘的利益桎梏，成为真正服务于多数人类的社会科学。不仅使黑格尔和费尔巴哈言归于好，也帮尼采、罗素等找到了西方哲学的病因。就哲学而言，马克思、恩格斯把西方哲学发展到了顶峰，马克思主义成为解释人类社会历史、指导人类认识世界的真正学问。

二、政治生态与经济发展的科学

众多的资产阶级经济学家们，无论是威廉·佩蒂、亚当·密斯还是大卫·李嘉图，都致力于探求治疗资本主义社会周期性经济危机的“灵丹妙药”，但均不得而归。马克思、恩格斯在辩证唯物主义和历史唯物主义理论基础之上，把社会的经济问题放到经济基础与上层建筑互动关系中去研究，从而拓宽了研究社会经济发展的视野。此时马克思、恩格斯所研究的已经不是单纯的经济学，而是与社会治理和发展密切联系的政治经济学了。

（一）剩余价值理论

（1）剩余价值理论。

剩余价值理论是马克思在《资本论》中提出的。剩余价值是剥削制度下，被统治阶级剥削的，劳动者所生产的新价值中，劳动者创造的价值和劳动报酬之间的差额，即“由无产阶级创造的，被资产阶级占有的劳动”价值。在此之前剩余价值被经济学家作为利润、租金等来研究的。马克思认为剩余价值的形成过程是：其一，资本家支付工资，购买劳动力之后，工人劳动创造了高于自己工资的价值。其二，一部分用来购买劳动力的资本，通过工人劳动得以增值，称为“可变资本”；另一部分是用来购买原材料、机器设备和消耗品的资本，称为“不变资本”。其三，工人的劳动时间分为两部分：一部分为“必要劳动时间”，用来再生产工人的劳动力价值；另一部分叫“剩余劳动时间”，用来创造新的价值。其四，工人在剩余劳动时间所创造的新价值，就叫剩余价值。其五，资本家凭借生产资料的所有权，将剩余价值占有。其六，资本家通过两种途径获取更多的剩余价值：一是延长工人劳动时间或者提高工人劳动强度，这种方式获得的叫“绝对剩余价值”；二是通过技术进步，缩短必要劳动时间，相对延长工人剩余劳动时间，这种方式获得的叫“相对剩余价值”。其七，利润、利息、地租等都是从剩余价值转化而来的，也可以认为是各种资本对于剩余价值的分享。

（2）剩余价值理论的发展。

剩余价值理论打破了资本自然增值的神话，使人们第一次明白资本并不增值，增值的部分是剩余价值。资本家之所以赚到钱，是因为获取了工人劳动的剩余价值。资本增长的秘密被马克思揭开了，那就是剩余价值的加入。马克思也同时揭露了资本家剥削工人的秘密，资本家为了加大剩余价值，在工资和投入不变的情况下，通过延长工人劳动时间，加大对剩余价值的获取量。

剩余价值理论不但揭开了资本家剥削的秘密，也为无产阶级革命提供了思想武器，无产阶级革命的合理性在于：并不是要抢夺资本家的财产，而是要拿回属于自己的劳动成果。劳动的社会性决定了剩余价值是属于社会的财产，而不是资本家私有财产。在社会主义的过渡阶段，资本随着剩余价值的加入被逐步稀释，最终作为社会财产的剩余价值占有资本的绝对比例，在资本的原始积累部分退出后，其性质也发生了变化，最终达到资本的完全社会化。

剩余价值与社会生产力的发展有密切的关系。在原始社会，人们为温饱和延续后代去狩猎、采摘，几乎没有剩余物资。到了农耕社会，由于种植和养殖，加之战争的俘虏，人们有了剩余物资，包括土地、牲畜、奴隶等，成了有能力者的财产，特别是奴隶，成了为奴隶主创造剩余价值的工具。到了封建时代，剩余价值被更多的生产出来，成了领主、地主的资产和国家税收的来源。到了资本主义时代，剩余价值的分配在整个资本利益阶层进行，因此更具有阶级性。到了社会主义社会，剩余价值随着生产资料的社会化进程逐步过渡为社会共同的生产资本，所创造的剩余价值也成为社会的共同资产。

从马克思发现剩余价值以来，世界生产力发展了天翻地覆的变化，现代社会的互联网、大数据和人工智能的发展，导致传统的资本家和工人共同面临失业的风险。为此有人提出剩余价值理论已经不适合现代资本主义社会了。其实这种观点并不科学，随着社会生产力的发展，特别是高科技加入生产力、智力成果加入资本，使劳动力和资本的结构都发生了巨大的变化。资本已经不是传统意义上的金钱、物资和土地、房产了，信息将取而代之。而传统的资本家也被智力精英所排挤，工人的体力劳动将被自动化或人工智能所取代。但所有这一切，都没有改变资本、劳动与剩余价值的基本关系。在现代社会中，信息进入资本，并有取代其他资本的趋势；劳动被自动化、人工智能取代，而这些都是更高级和复杂的劳动，并没有因为其高科技含量而改变资本和劳动的性质；对于剩余价值而言，虽然因资本所有者的复杂化而被更多样化地分配，但剩余价值仍然存在，并且增值空间巨大。在高科技的辅助和与之适应的生产关系，更具有社会化生产的特点，对于生产资料的所有制改变奠定了更有利的条件。

（二）生产资料私人占有与生产社会化的矛盾

马克思在发现“剩余价值理论”之后，另一项最重要发现就是生产资料私人占有与生产社会化的矛盾。生产资料是社会再生产的基本保障，也是人类社会发展的物质基础，同时也被认为“神圣不可侵犯”私有制的主要内容。虽然生产资料私有制可以最大限度发挥资本所有人的积极性和主观能动性，有利于具体生产目标的实现，但其建立在生产资料私有制和雇佣劳动基础上的资本主义所有制的弊端是显而易见的：（1）生产资料被看作可以增值的资本，不断增值是其所有人追求的目标，而不考虑其社会效益；（2）所有者对于资本的处置具有随意性，社会存在的限制，在多数情况下并不顾及社会需求；（3）为追求利益最大化，所有者往往急功近利；（4）恶性竞争，无序生产，往往会导致产品过剩或紧缺；（5）经济危机每次发生，结果都是以牺牲弱势群体和社会资源浪费为代价的；（6）所有者为了在竞争中获得优势，多与社会管理者结盟，造成腐败，破坏社会管理机能。

1825 年，英国首先爆发了经济危机，之后成为资本主义由自由竞争向垄断过渡的“周期病”，之后十年左右爆发一次，范围向各国扩大。如 1836 年、1847 年、1857 年、1866 年、1873 年、1882 年、1890 年，使西方社会不堪其扰。马克思《资本论》出版，正值众多经济学家对此不思其解的时候，生产资料私人占有与生产社会化的矛盾的发现，对这种周期性经济危机给出了合理解释。

资本主义社会周期性经济危机其实也是一种社会经济的自我平衡功能，就像大自然生态平衡规律一样。生产资料资本主义私人占有导致生产无序化，产品在短缺和过剩之间无序波动。产品短缺会导致价格上涨，价格上涨会刺激扩大生产，而扩大生产又会使产品过剩，产品过剩会导致价格下跌，价格下跌又会导致通货膨胀，因而形成周期性经济危机。每一次经济危机都会导致经济结构极大破坏、资源严重浪费、社会矛盾加剧。在马克思发现了生产资料私人占有与生产社会化的矛盾之后，人们才开始认识到：医治这种危机最好的手段就是生产资料社会化改造，通过改造，生产资料与生产社会化同步，消除了经济危机的产生根源。然而，生产资料的私人占有，是资产阶级的利益根本，也是资本主义社会的经济基础，动摇这一基础就等同于撼动了资本主义社会根基。在灭亡和痛苦的二难选择上，资产阶级会本能地选择后者。

三、空想社会主义的修正

与资产阶级革命同步成长的，还有针对资本主义种种弊端而生的各种社会主义思潮。其中有主张保留私有制的，也有主张公有制的，包括理论探索者和实践者，但均未得到普遍认可。马克思的科学社会主义理论是在总结了上述社会主义失败的基础上发展起来的，为加以区别，称作科学社会主义，之前的社会主义称作空想社会主义。

（一）无产阶级的成长

资产阶级主导了推翻封建社会的革命，同时与无产阶级结成同盟军。资产阶级把一切社会关系都简化为金钱关系，用商品和贸易打破国家、民族壁垒，解放了生产力，在一个世纪的时间里创造的生产总和超过全人类历史上的生产总和，并建立起了相应的政治、经济制度。但随着生产力发展，资产阶级社会生产关系已经不能适应这种生产力了。

无产阶级伴随着资产阶级的成长而成长，其队伍在不断壮大，在资产阶级革命时期，是资产阶级最有力的同盟军，同时也成为一支独立的政治力量。无产阶级超越了民族与国家壁垒，具有历史远见，因此可以代表绝大多数人的利益。“过去的一切运动都是少数人为少数人利益的运动，而无产阶级的运动则是绝大多数人的，为绝大多数人利益的独立运动”。

为此，马克思、恩格斯得出结论，资产阶级已经不能同它创造的社会相容了，无产阶级将取代资产阶级，资产阶级消亡和无产阶级胜利是不可避免的历史趋势。

（二）社会主义革命

社会主义革命是一场暴力革命，并不是因为无产阶级有暴力倾向，而是出于无奈。资产阶级由于利己主义本能，绝对不会为了人类的共同利益而放弃自己的既得利益。故无产阶级取代资产阶级非经一场暴力革命就不可能完成，而且须在无产阶级政党——共产党领导下实行。因为共产党领导的无产阶级革命，致力于建立没有剥削和压迫社会，不分阶级、民族和国家，因此是最睿智和最具动员力的。虽然暴力革命会付出一定代价，但为了人类社会的共同利益和福祉，是必要之举。

社会主义革命理论概括起来就是“消灭私有制”，把资本变为公共的，属于社会全体成员的财产。无产阶级在取得政权后，要利用自己的统治地位，组织最有效资本运作，彻底解放生产力，完成向共产主义的转变。随着共产主义进程，国家、民族和阶级逐步消亡，无产阶级统治也随之消亡。代替阶级社会的，将是一个超越国家和民族的共产主义联合体，其中每个人的自由发展是一切人自由发展的条件，全人类真正成为一个命运共同体、利益共同体。

（三）从社会主义到共产主义

科学社会主义吸收了人类历史上一切优秀文化遗产，并根据历史唯物主义原理和社会状况、经济发展趋势，设计了科学合理的社会形态。

科学社会主义并不是人类社会理想的终极目标，而是向共产主义的过渡阶段。这一过渡阶段的引领者，非无产阶级和其自己的政党莫属。科学社会主义不是一个固定的社会形态，而是一个循序渐进的、由低级向高级不断发展、积累和变化的过程，是一个由量到质的社会变革。由于发展不平衡、社会文化差异，各国进入社会主义起点不同，在发展过程中可能经历不同阶段和耗费不同时间，采取不同政治、经济策略，对此并不能要求整齐划一。在总目标前提下，马克思主义并不否认各国根据自己国情选择不同的社会主义道路。

四、马克思主义与人类文明

（一）马克思主义与西方文明

德国古典哲学、英国古典政治经济学和空想社会主义，是马克思主义三个来源，与马克思主义哲学、政治经济学与科学社会主义理论相对应。换一个角度，可以说是马克思主义对西方哲学、经济学和社会主义理论的发展，是对人类共同精神财富的传承。马克思主义使西方古典哲学走出了物质与意识之争的死胡同，升华为辩证唯物主义与历史唯物主义，西方经济学迈入政治经济学的殿堂，空想社会主义也成为科学社会主义。

马克思主义对于人类文明影响是里程碑式的，是对于西方扭曲文明观的巨大冲击，打破了资本主义社会的精神牢笼：（1）用辩证唯物主义方法研究物质和精神在发展变化中形成的质量互变规律、对立统一规律与否定之否定规律；（2）用历史唯物主义方法研究了生产力和生产关系、经济基础与上层建筑的对立统一矛盾运动，揭示了人类社会发展的基本动力；（3）解决了人类对于物质世界的认识问题，即认识世界的可行性、认识的途径和深化；（4）创立了政治经济学理论，发现了资本主义社会剥削剩余价值秘密，以及生产资料资本主义私人占有和生产社会化基本矛盾，为社会主义革命合理性和必然性提供了理论依据；（5）创立了科学社会主义理论，指出了无产阶级取代资产阶级的必然性，社会主义革命的必要性以及向共产主义过渡的历史趋势。

作为人类社会最有价值的精神财富的马克思主义，因社会主义革命主张，触犯了资本阶层既得利益，因而受到整个资本主义社会的围攻和非难。马克思主义正像历史上诸多优秀思想文化一样，必然要经历各种磨难和阻力，也难免会经历失败和挫折的考验。

马克思主义使资本主义世界陷入两难之中：如果认可了其历史渊源与传承关系，就证明了自己存在不合理性；如果不认可，又无法否定其科学性。于是西方一边将马克思主义认定为异端邪说，一边采取“鸵鸟”政策，连资产阶级革命时奉行的哲学、经济学都统统束之高阁。建立了一套实用主义的思想体系，以利己主义为核心价值观。于是我们看到，在马克思主义问世后，西方哲学被逐步送入书斋，不再是社会发展的指导思想，古典经济学也转向实用主义，空想社会主义理论也不再有市场。

（二）马克思主义与东方文明

从古希腊哲学思想找到源头的文艺复兴，是现代西方文明思想的发端，由于其完全抛弃了中世纪基督教思想文化，割裂了其文化的传承，造成西方哲学思想 1000 多年的断代，西方中世纪哲学许多优秀的成果，被中世纪基督教的黑暗所掩盖，也被现代西方文明所忽视。西方从阿拉伯翻译文献继承的古希腊哲学思想，明显先天不足。而以西方文明思想为源头的马克思主义，也存在这一短板。

马克思主义作为一个开放的、包容的思想系统，在20世纪初传入中国，标志着西方最先进的文明思想与东方文明相遇，也意味着西方文化的短板得以补充。经过历代中国共产党人的践行，中国人民实现了民族独立、人民富裕、国家强盛的民族复兴之梦，也使马克思主义焕发了新活力。马克思主义基本原理同中国具体实际、同中华优秀传统文化相结合，由此产生的毛泽东思想、中国特色社会主义理论体系、习近平新时代中国特色社会主义思想，不仅促进了中华文明的进步，也促进了马克思主义的发展。

马克思主义是全世界人民共同的精神财富。马克思主义与中华文明相遇，标志着从公元前6—公元前4世纪形成的，并行2000多年的东西方两大文明思想的交汇和融合，是人类思想史上的一个伟大里程碑。虽然从马克思主义诞生之初，西方列强就用洋枪大炮开道，向中华民族推行着他们的鸦片和利己主义的价值观，但最终不敌马克思主义基本原理同中国具体实际结合产生的精神力量，以及被这种精神力量武装起来的中国共产党和中国人民。

中华文明也属于世界，“两个结合”下的中国特色社会主义，可以更好地顺应时代发展。中国努力构建人类命运共同体，践行合作共赢发展道路，与中华民族的伟大复兴紧密联系。马克思主义关于人类美好社会的理想，正通过中国特色社会主义道路得以实现。

第三节　人类文明观亟待改变

改变传统文明观是一项巨大的思想工程。为此，其一，需要认识到传统文明观问题所在，如果不作改变，人类将走向自我毁灭的歧途；其二，要有更好的替代，即由更好的、全新的文明观替代传统文明观，使人类文明更上一层楼，而不是走下坡路；其三，改变是一个循序渐进的过程，不可能一蹴而就，考虑到世界各国国情差异和发展不平衡，改变方式、进度也会有巨大差异；其四，改变也是从世界文化的不同起点开始，经历不同的途径，可谓“条条大路通罗马”。

一、人类的蓝色思维

如果说在生产力低下的时代，为了续存而不得依靠动物本能的话，那么在现代社会人类生存已经不是问题了。除了气候、洋流、地壳运动（地震、火山）方面，人类在大部分地球事务中拥有了主宰力量。而人类思想观念却没有随之转换，仍然停留在生态食物链低端状态。动物间弱肉强食的丛林规则，也同时被应用到人类社会内部，形成了数千年血雨腥风的历史。人类得到了上帝的智慧，具有做上帝事情的能力，却不具有上帝的道德情操。人类所面临的一切毁灭和灾难，几乎都是由自己动物本能所赐，这是人类最大问题。人类能否走出阴霾，取决于能否战胜自身的贪婪和邪恶，能否彻底抛弃动物本性。而人类要想摆脱动物本性、远离战争与污染而自我救赎，就应学会蓝色思维。

学会蓝色思维，就是用平等的心态去看待世界。在地球蓝色生态中，万事万物都是平等的，包括平等得到资源（阳光、水、空气），生存与竞争机遇平等，并没有厚此薄彼；地球母亲不但给了万物以生息空间，还在利用自然规律努力维护着物种多样化与自然生态平衡。人类高居于万物之上，是裁判者，而不是竞争者；是守护者，而不是掠食者。

学会蓝色思维，还需要用高尚的道德情操规范人类自身行为，抛弃那些来自动物本能的贪婪与邪恶；牺牲个人、阶层甚至民族利益服从人类共同利益；为保护地球蓝色生态而克制自身欲望。

为顺应蓝色思维，人类应该解决以下两个关系问题。

（一）人类与动植物以及整个地球生态间的关系

人类应该平等对待世间万物，还要充当保护者，维护好地球生态平衡。在整个人类与自然关系史中，人类都占据主导地位，人类凭借着自身优势，不断挤占动植物生存空间，不断破坏着大自然的生态平衡，从而导致了污染、野生动植物灭绝以及气候变化。对于动植物来说，人类迄今扮演的角色还主要是一个掠食者，而不是保护者；对于大自然来说，人类迄今扮演的角色还主要是一个破坏者，而不是管理者。由于地球资源有限，人类掠食和破坏已经到了地球所能承受的极限。由此可见，人类既然已经具有了统治地球生态的能力，也必须承担起相应的责任。否则就会导致整个地球生态毁灭，人类也不可能独活。

（二）人与人之间的关系

相比与自然界的关系，人类内部关系更为复杂和难以调整。大自然虽然给予了人类平等的生存条件，但由于出身和后天能力的发展，人类出现极大不平衡。表现在个人之间、家庭之间、族群之间、社团与政党之间、民族与国家之间，以及国家群落之间的利益与冲突，这些是人际矛盾的主线；此外还有婚姻家庭关系、继承关系等。人类历史上调整这些关系主要依靠暴力，包括战争与权力统治。人际关系之间的暴力无所不在，我们所看到的人类历史所记载的征战与统治，只是冰山的一角，世界上各个角落，每个家庭与个人都无时无刻面临的暴力与恐惧，其规模和程度难以想象。就人类社会而言，在人际关系中产生暴力的主要根源是利益冲突，如果能在人类利益方面找到或者创造更多共同点，产生暴力的根源就会减少或者消失。其实在人类历史上，也不乏利益共同点，但强者的一方往往出于独占心理，或者急功近利的思维而不愿意去发掘，宁可选择战争和征服。而在现代社会，选择暴力与战争的风险不断升高，以致在核大国之间已经没有选择全面战争与冲突的自由。即使是大国与小国间的不对称战争，巨大代价也会使大国望而却步。这些都迫使人类从迷恋暴力中清醒，转而选择用蓝色思维调整人际关系的有利条件。

由此可见，用蓝色思维解决人与自然的关系、人际关系，也是人类自身的需要。如果不尽快解决好人与自然的关系，人类造成的污染将彻底摧毁地球气候和自然生态环境。如果不尽快解决好人类自身的矛盾与冲突，人类能够被相互消灭数次的战争机器一旦被启动，数千年人类文明可能被清零。在生存环境被彻底毁坏、两败俱亡这实实在在的威胁面前，人类不得不清醒了。

二、文明观扭曲于战争

从古至今，战争的胜利者都是名利双收，享尽人间荣华富贵，且会名留青史，而不论他们如何残暴或嗜血，或者不道德。例如，征服欧亚的亚历山大、驰骋欧洲的恺撒大帝、杀死近百个兄弟姐妹的阿育王、坑杀数十万战俘的秦始皇、横扫欧洲的成吉思汗、靠奴隶贸易和倾销鸦片致富的大英帝国等。只要我们稍微回顾一下历史，类似上述的例子俯拾皆是。

颂扬战争的文明观，绑架了人类道德。战争文化与爱国主义、民族主义等利他品质合体，并与诚信以及优胜劣汰的自然生存法则、社会发展趋势相吻合，在人类文化中根深蒂固，被人类世代传承。从古希腊的哲学家到现代思想家、政治家，似乎都只认识“战争才是硬道理”。在国际社会“丛林规则”下，即使是崇尚和平的国家，也只有自己强大到足以抵御侵犯，才有望得到和平。在“零和博弈”思想的主导下，只有在同盟者之间才可能谈合作共赢；如果有人提出与敌对者探讨合作共赢的话题，就会被认为是背叛。

战争把国家和国民更紧密地捆绑在一起，战争胜利了，国家就会发展从而更加强大，民族就会延续，而参战者也会由此获益；战争失败了，国家和民族面临灭亡，其国民也会被杀戮或奴役。在现代社会，由于战争法则，俘虏和战败国民众不会向古代那样被任意杀戮和奴役，但种族灭绝、杀害无辜仍不能杜绝。现代武器的巨大杀伤力、破坏力，造成的战争创伤比之前更为巨大。进入 21 世纪，战争仍然是困扰人类进步的主要障碍。虽然人类厌倦了战争和杀戮，但在垄断商业利益驱动下，在霸权主义保驾护航中，仍在全世界流行，甚至占据着主流文化、地位。

由于人类观念形态的惯性，以及数千年的历史烙印，改变有史以来形成的战争观、英雄观、价值观是极其困难的。特别是某些观念与利益紧密联系在一起，放弃了战争，就等于放弃了财富，也放弃了尊严。虽然在现代社会，财富与尊严也可以通过战争以外的方式获取，但战争仍不失为首选或优先。选择和平与合作共赢，需要彻底地放弃以往的观念形态，需要壮士断腕般的自我否定精神。但为了人类社会的永久安宁与和平，永远消除战争与破坏，改变是值得的，这意味着人类思想观念发展走向成熟。

三、文明毁于污染

源于 18 世纪的工业革命，是近现代意义上世界工业化、现代化起点，也是近现代意义上污染的开始。延续到今天，世界发生了翻天覆地的变化，人类社会逐步进入现代化生活，人类也由此付出了环境恶化的沉重代价。环境恶化导致地球生物链损害，物种灭绝，就连人类生存不能离开的阳光、空气、淡水也成为紧缺资源，成为富裕国家和有钱人的

“奢侈品”。而落后国家的贫困人口，却在越趋恶化的环境中挣扎，他们主要承受大自然惩罚人类的后果：灾害、饥荒、疾病。人类文明进步，工业化兴起，并没有带来环境福音，而是雪上加霜，导致地球生态环境进一步恶化，地球环境将面临被彻底破坏的厄运。中国城市低碳经济网认为威胁人类生存十大环境问题是：（1）全球气候变暖；（2）臭氧层的损耗与破坏；（3）生物多样性减少；（4）酸雨蔓延；（5）森林锐减；（6）土地荒漠化；（7）大气污染；（8）水污染；（9）海洋污染；（10）危险性废物越境转移。

虽然如今人们也在不同程度反省自己的行为，进行各种努力控制污染，但充其量只是一些延缓举措，不具有从根本上消除污染的能力。除了对大气污染重视之外，人类还采取了一系列其他环保措施，诸如污水处理、垃圾处理、粉尘处理、酸雨防治、无公害栽培、辐射防治以及濒危物种保护等，均以减少环境危害为目标，但人们能看到的成果却仅仅是使预期中环境恶化速度有所减缓。人们甚至都不敢想象一个没有污染现代生活是什么样子！更不敢奢望其成为人类社会未来发展的美好理想。难道人类社会真走上了一条不归之路？虽然对于多数关心环境问题的人士来说并不真正认同这样的结论，但出路在哪里？却莫衷一是。

如果说人类通过发展科学技术，通过现代工业化、信息化途径追求现代美好生活的代价就是导致环境恶化、导致地球生物链破坏，乃至最终导致人类自身消亡，那么迄今为止人类科学技术进步，以及思想文化理念本身就应受到质疑。如果说现代国际、国内社会为保护环境所做的政治、经济、文化方面种种努力仅仅能达到放慢环境恶化速度、延缓人类消亡，那么迄今为止人类社会关于环境的观念、政治、经济政策本身也应该进行检讨。

面对环境污染导致的人类生活终极目标与实现方式的偏离，人类社会如果再不加以纠正和调整，就会走向万劫不复的深渊。现在是人类社会正视环境恶化现实，做出某种改变的时候了。在对现代科学技术、人类发展观进行全面质疑和反思的基础上，人类应该有一个全新、彻底的解决方案。

第四节　蓝色文明观

一、蓝色文明与蓝色文明观

何谓文明（civilization）？文明被认为是人类脱离野蛮状态后所有社会行为、自然行为和个人行为的总称。包括家庭、社会、国家的观念、社会生产力和生产关系、社会的思想和道德文化。也有将文明称为人类创造的物质与精神财富的总和，故文明区分为物质文明和精神文明两大部分，其中精神文明包括文学、艺术、教育、科学。

文明是人类进化的产物，人类从学会直立行走，到制造工具、使用火和发明语言，上述所有有别于动物的行为，就是文明的开端，历史称其为史前文明，即有文字记录之前的文明。史前文明持续了一个漫长的时期，这也是人类文明的孕育时期。在这一时期，人类逐步学会养殖与种植，开始孕育和创造文字。人类从摆脱了靠采摘和渔猎的谋生阶段，形成原始农业，就标志着进入了农耕文明阶段，之后发展到近现代的工业文明。也有称这两个阶段为古代文明、现代文明。从这一角度看，文明具有历史和时代特征。文明也是一个随着人类社会的不断发展而由低级向高级进步、演化的过程。人类文明的程度也是随着社会发展进步在逐步提升。此外，文明作为一个类名词，也广泛用于人类脱离动物属性之后的各种独特的文化形态，如古希腊文明、古埃及文明、西方文明、东方文明等。从这一角度看，文明在具有时代特征的同时，还具有地域性特征。

蓝色文明源于上述人类文明，但又与此不同。蓝色文明具有如下特征。其一，顶级性。蓝色文明是人类文明发展的最高阶段，它超越了国家和阶层利益，以人类共同利益为追求，通过合作共赢构建人类命运共同体，也是目前人类文明的最高顶级阶段。其二，回归性。人类从脱离了动物界之后，逐步上升到食物链的顶端，成为世界的主宰，具有了“上帝”的能力，但人类的文明观念却不能随之升华，而是停留在史前文明阶段，文明形态却随着人类社会的发展而变异。而蓝色文明观不仅是反映人类社会共同利益的文明观，也反映地球生态的共同利益，是回归地球蓝色生态的文明观。其三，超越性。蓝色文明不仅超越了人类社会的范畴，以地球生态和谐发展为目标，还超越了时代，甚至可能超越时空，进入人类文明发展的未来、未知领域。

随着中国特色社会主义理论体系建立、中华民族复兴和构建人类命运共同体的进程，使蓝色文明的曙光在东方大地上显露晨曦。中华民族的复兴大业，使沉睡了近两个世纪的中华文明成功实现了涅槃。20 世纪初苏联十月革命为中国送来了马克思主义，在中国共产党人的实践中与中国具体情况相结合，完成了中国人民站起来、富起来、强起来的伟大飞跃，使中国走上了中国特色的社会主义道路，也使马克思主义焕发了新的生命力。马克思主义吸纳了中华文明的精华，中华文明包容了马克思主义的先进思想，从而奠定了一个全新的文明基础——蓝色文明。

蓝色文明的涵盖范围超出了人类社会，包括了整个地球的生态系统和生态环境。为什么要将此文明冠之以蓝色，是因为地球的颜色是蓝色的，作为地球生命之源的水和空气也是蓝色的。蓝色文明由此得名，不仅区别于人类历史上各种形态的文明，也标志着与地球生态环境的友好，与生命之源的色彩一致。

蓝色文明基于人类与地球生态命运共同体理念，并以此为出发点，调整人类行为规范，不仅立足于人类社会和平与安全，还立足于与地球生态环境共进退。蓝色文明以消除战争与污染为己任，以人类社会合作共赢为实现途径。战争和污染消亡之时，将是蓝色文明来临之日。蓝色文明并非人类社会终极目标，而是为人类社会与自然生态的和谐发展、进化提供了更广阔的空间。由于消除战争解放出来巨大高科技能力和经济能力，由于消除污染创造出来的优美生态环境，将使人类和地球生态进入一个更高效、安全的发展和进化模式。

指导蓝色文明的观念形态，即蓝色文明观，建立在人类文明思想的最高峰，即马克思主义与中华文明结合的基础之上。起源于西方文明的马克思主义与涅槃后的中华文明相遇，是东西方最优秀文明思想的汇集、20 世纪最伟大的人类精神成果。支持人类社会数千年热衷于战争和放任污染的各种心态，其实是人类文明观的错位所致。起始于古希腊哲学的战争万有观、现代社会中的零和博弈观，都源于西方文明思想中的强权主义和人类中心思想，源于利己主义的驱使。建立蓝色文明观，有必要对人类社会数千年形成的西方和东方文明观进行梳理，也有必要对起源于古犹太教的基督教和伊斯兰教思想进行解读。世界所有优秀的人类文明思想，都应该被蓝色文明观所吸纳。

蓝色文明观，是在人类社会全面检讨自己以往文明观的基础上，建立的符合人类共同利益的，面向未来发展的、全新的社会发展观和自然生态观。既包括思想文化艺术、道德哲学以及科学、技术，生产、交换方式、社会管理模式；也包括人类生存环境、地球生态的保护。蓝色文明将人类连接成一个命运共同体，将人类和自然生态也连接成一个命运共同体。使人类同心协力、与自然和谐相处，向着完美社会和地球生态平衡共同努力的模式。基于人类共同利益，蓝色文明观摒弃了零和思维，倡导人类和平共处，合作共赢，合力使战争退出人类舞台，维护世界和平；基于地球生态安全，蓝色文明观倡导保护环境，维护生态平衡，坚决遏制和清除污染，打造“零污染”世界。基于创造更加美好的人类世界、维护地球生态和谐，蓝色文明观鼓励创新、发展，积极拥抱高科学、新技术，积极投身第四次工业革命。

二、蓝色文明观与中华文明观

融合了中华文明太多元素的蓝色文明观，始终是中华民族复兴、人类构建命运共同体进程的坚强支柱，与马克思主义相向而行。虽然蓝色文明观所包容的范畴除了人类社会问题之外，还应包括自然与生态平衡、环境与气候，以及科学与技术等。但在人类主宰世界的情况下，人类社会的问题解决了，其他问题也就更容易解决了。人类的文明与发展观问题解决了，世界就可以避免遭受更多的灾难与浩劫，地球才能再度回归蓝色。

5000 多年的中华文明，是在人类社会中一直保持自身完整并存续至今的历史遗产。中国特色社会主义的核心价值观，就是在中华文明基础之上的中国革命与马克思主义原理相结合的产物。中华文明的许多灿烂的元素，如关于人性的修养，关于国家管理和社会发展理念，关于人与自然的和谐关系，都是蓝色文明观的构建基础。对此也可以理解为蓝色文明是中华文明的涅槃。

5000 多年的中华文明观，已经潜移默化地融入中华民族的血脉之中。从最远古的黄老思想，到汉代崇尚儒学，唐代尊儒、敬老、信佛，之后儒释道逐步融合，所创造出的中华文明观，覆盖了社会各个阶层，甚至超越了民族与国家。蓝色文明观认同中华文明观的精华部分，如理学哲学思维、道德伦理、文化教育和国家和社会管理的理念，以及其广泛的人民性。特别是儒释道合一的文化体系，在排除了其神秘主义色彩后，是一个巨大的精神宝库，具有很深的哲学和道德根基，无论是在个人或公众道德修养或教育方面，还是在国家社会治理对策方面，都对人类社会未来发展具有重要的参考意义。

中华文明观还有开放、包容与和谐的特征。所谓开放，就是5000多年来中华文明一直在张开双臂，接纳各种外来文明优秀成分，从最早的黄老思想、儒家学说，到容纳佛教、融合儒释道思想，再到近代与马克思主义相遇，中华文明不断从接纳外来优秀思想文化中汲取养分，发展完善自己的体系。所谓包容，就是用自己博大的胸怀，接纳而不是排斥不同的外来文化，例如，对佛教文化的接纳与融合，近代对基督教、伊斯兰教思想的融汇，对东亚、南亚、西域等周边国家思想文化的接纳等。所谓和谐，不仅包括国内阶层与民族之间的和谐相处，也包括与相邻国家之间的和睦相处。中国一直扮演宗主国的角色，护佑周边小国的和平稳定。明朝时期，我国发展处于世界前列，在郑和下西洋的航行中，世界第一流的海军舰队所传达的是和平，是帮助弱小国家发展，而不是欺凌和掠夺。1840年英国用鸦片战争凌辱了中国，之后，西方列强接踵而至，日本更是发起吞并中国的侵略战争，这给崇尚和平的中国上了一课。百年后重新站起来了的中国理应以牙还牙，但中国的初衷并没有改变，强大起来的中国提出了中华民族复兴的伟大战略，提出了构建人类命运共同体的世纪工程，所秉承的还是合作共赢、和平共处的民族传统。这种融入民族血脉的中华文明观，正是蓝色文明观所要继承和发扬的。

三、蓝色文明观与马克思主义

共产主义与蓝色文明，二者为什么会联系在一起？这要从二者的内涵说起。马克思在《共产党宣言》中描述的共产主义社会，通过近200年的曲折发展，如今通过中国共产党的实践走上了正确的过渡道路。随着中华民族的复兴，从社会主义过渡的共产主义的政治、经济基础在不断加强。加之中国坚定地走强国、强军基础上的和平发展、合作共赢道路，打造人类命运共同体的努力，积极投身第四次世界工业革命的举措。所有这些都指向一个不可逆转的目标：马克思所设计的共产主义社会将在中国共产党的努力下实现。虽然这个目标离我们尚有距离，也许会耗费像基督教修成正果一样长的时间，但我们有耐力和信心，也愿意付出几代人的努力去争取。在未来共产主义社会形态下，高度发达的人类社会将更为和谐，一切污染与浪费都不会存在，战争与杀戮成为历史，高度发达的科学技术将改变现在的能源、生产消费与生态格局。人类将更注重保护自然生态环境，为其他动植物创造更多的良好生存空间，在人类的主导下，地球的生态环境将成为一切生物共存共赢的乐园。这就是人类所追求的蓝色文明，人类作为蓝色文明的守护者，将具有上帝的力量，也同时具有上帝的情怀。

当下，人类社会面临诸多问题，而解决人类社会的问题的关键在于改变人类文明与发展的观念问题，即人类的文明观的改变。用蓝色文明观取代现有的文明观，引领世界走合作共赢的发展之路，打造人类命运共同体，进而拓展到人类与自然命运共同体。也只有人类的文明观得到根本性道德改变，人类才能走出当前的战争与污染的困境，世界才能避免更多的灾难与浩劫，地球才能再度回归蓝色。

四、蓝色文明观与中国社会主义核心价值观

中国社会主义核心价值观，涵盖了国家层面价值观（富强、民主、文明、和谐）、社会层面价值观（自由、平等、公正、法治）和公民层

面价值观（爱国、敬业、诚信、友善）三个范畴。既是国家的建设目标和基本理念，也是社会的治理规范和目标，同时也是公民基本的道德操守。

富强是国家的物质基础，也是中国建设社会主义现代化强国的目标之一，实现中华民族伟大复兴的中国梦的条件。民主是以民为本，国家以为人民服务为宗旨，努力创造人民的美好生活，实现人民当家做主。文明是一个国家的文明程度，包括对公民基本权利的敬重和维护，人性化的国家管理，先进、健康的文化理念，良好、廉洁的公共服务。和谐是国家的生存之道，包括对内的民族、族群和社会各阶层的团结；对外和平共处，不干涉别国内政，和平发展，合作共赢，努力打造人类命运共同体。

自由包括意志自由和行为自由，以不妨害他人行使自由和不违背社会主义公德为条件。平等包括生活、生产、受教育、文化创作、公共服务，以及社会管理、政治活动等权利的平等实现，包括机会平等，也包括相应义务的平等承担。公正包括公平、公开和正义，是指从社会管理角度的一视同仁对待每一个公民，每一件事，处理公共事务要有透明度，支持正当，保护弱者，杜绝徇私舞弊、贪赃枉法。法治是指依法治国，不同于西方的违法即犯罪，我国从违法到犯罪之间留有一个较大的空间，由道德和行政予以调整，这样可以避免西方法制的底线思维的弊端，给道德教养留有余地，有助于提升全民族的道德水准。

爱国不仅包括为国牺牲、奉献青春、振兴中华这些感动天地的伟大壮举，也包括为国分忧，报效祖国，维护民族团结这些普通的国民情结。敬业包括忠于基本的执业操守，无论是履行公职，社会服务，还是受雇从业，或者经营企业，都要恪尽职守，认真负责，勇于担当，爱岗守纪，遵守职业道德。诚信即诚实守信，不仅在人际交往、公共服务、贸易销售中应如此，在生产、生活、工作中也要严守个人信誉，诚实守信应成为公民的基本道德准则。友善不仅包括公民之间相互尊重、关心和帮助，也包括对弱者的同情与救助，积极参加慈善、扶贫活动。

上述三个层面，是中国特色社会主义完整的价值观体系。其既具有先进性，包含了马克思主义的认识论思想和哲理；也具有民族性，包含了中华文明观的精髓；同时也吸收了西方文化中诸如“自由、平等、民主、法治”等积极的内容，并赋予新的解释和含义，使之成为中国特色社会主义思想体系的一部分。

社会主义核心价值观与蓝色文明观非但没有冲突，反而具有许多共同之处。二者的共同之处是：(1) 都是符合人类共同利益的观念；(2) 都与中华文明有深远的渊源关系；(3) 都同西方现行的文明观格格不入；(4) 都与人类社会未来发展方向一致；(5) 都与马克思主义联系紧密。如果说二者有所区别，也是切入和解决问题的角度不同而已：(1) 前者是以人类社会的政治、经济、人文为中心的，后者的视野拓展到了自然与地球生态领域；(2) 前者注重社会的改造，后者注重人类观念的调整，二者互为表里；(3) 前者强调不同利益者为了应对共同危机而团结，后者强调在共同利益的基础上团结奋斗；(4) 前者注重实现目标的过程，如走合作共赢的发展道路，后者注重目标的实现保障，如消除战争与污染，创造蓝色人文、生态环境。

本章结语

人类崇尚暴力和战争、放任污染，以致走到毁灭人类、毁灭地球生态的边缘，其根本原因是人类文明的基本观念产生了错误。人类虽然拥有了上帝的智慧和能力，但在观念上仍不能摆脱动物的阴影，这就是人类文明观的问题所在，这也是人类社会在错误文明观主导下自我毁灭的原因。由此可见，与其说是上帝刻意要毁灭贪婪的人类，还不如说是人类在自我毁灭，这也许就是上帝的高明之处，他欲毁灭人类却假手于人类自己。人类为了避免自我毁灭，首先应战胜自我，在全面检讨人类文明误区的前提下，建立起全新的、蓝色的文明观。

从脱离蒙昧开始，人类的精英们就一直在探索理想的社会形态，几乎贯穿了人类社会的历史。精英们所追求的理想社会，也不是一蹴而就的，而是需要一个不断完善和深化的过程。近代的空想社会主义理论与实践的经验教训，为马克思创立的共产主义理想社会所参照。马克思主义从哲学、政治经济学和科学社会主义领域全方位的总结、研究了人类社会的思想成果与发展趋势，规划了向共产主义过渡的社会主义革命历程，为世界走向蓝色文明奠定了基础。

蓝色文明的曙光出现了。它就是5000多年中华文明与马克思主义的结合，就是中国共产党所创造的中国特色社会主义道路；它不仅是一条中华民族复兴的道路，也是一条通向共产主义社会、通向蓝色文明的道路。在认识到人类文明观改变的需求后，人类还需要做大量的工作，因为改变不会自动进行，还会伴随有巨大的阻力。阻力主要来自对现存政治与经济秩序破坏的担忧，以及既得利益者的恐惧。排除阻力的最好方法是用事实证明人类文明的改变不会导致现有社会的破坏，而会使其更为完善。如果既得利益不是建立在损害弱者或者危害环境的基础上，也不会受到侵犯。蓝色文明观将会在符合人类共同利益的前提下，主导人类社会通过合作共赢的方式实现。

第八章

蓝色国际

第一节　威斯特伐利亚体系

工业革命之前，社会生产力相对低下，兵器主要依靠手工业制造。火药从中国传入欧洲后，热兵器逐步取代冷兵器，战争格局发生了根本变化。16 世纪航海与地理发现，一些海洋国家如葡萄牙、西班牙、荷兰、英国等，率先用枪炮装备了军队和战船，对美洲、非洲以及南亚进行了征服和殖民统治。亚欧的其他农业大国如中国、俄罗斯、奥斯曼、波斯等先后被这些海洋国家所超越。之后由于劳动力需求而兴起的奴隶贸易，大量非洲劳动人口被劫掠，成为“黑奴”，如今占据美国人口 10% 的黑人，绝大部分是黑奴的后裔。为了争夺劳动力和市场，英国、法国、普鲁士等后起的工业国与守成殖民国之间发生了激烈的战争。世界文明的格局也发生了根本变化，战争规模与杀伤力不断增大，达到前所未有的规模。工业革命非但没有造福人类，反而使世界陷入战争魔咒，至今仍然困扰着人类。现代战争毁灭性后果，使得一路从相互毁灭和劫掠中走来的欧洲列强们也惊醒了，他们开始检讨之前的战争观，积极寻求妥协与共存出路。

一、战争观转变

公元 1558 年，神圣罗马帝国皇帝查理去世，他用武力使全世界归诸基督教之下的理想也随之破灭。新教如雨后春笋般兴起，罗马教廷用来束缚各国君主的精神锁链被打破，原在查理弹压下的欧洲各国没有了顾忌，像狼群般争抢财富和土地，于是欧洲 17 世纪上半叶最血腥的战争开打了，史称三十年战争。虽然战争开始阶段还打着宗教旗帜，但到了后来，各国干脆连这些“遮羞布”也不要了，显示出了赤裸裸的利益之争。战争始于 1618 年，结束于 1648 年，这是近代人类装备热兵器以来的最大规模战争，也是一场没有赢家的战争，是继 14—15 世纪肆虐欧洲的黑死病之后的又一场横扫欧洲的浩劫。经过整整一代人血与火的拼搏，在付出巨大伤亡和财产的损失后，参战各国终于筋疲力尽了。1643 年，分属两个阵营的各国代表聚集在德国威斯特伐利亚州两个小镇上，进行了战火中的艰苦谈判，历经长达 5 年打打谈谈，终于在 1648 年先后签订了 3 个协议，终止了这场欧洲疆域内的“世界大战”，同时也建立起了现代意义上的国际关系体系雏形。亨利·基辛格在《世界秩序》中表述为“它以一个由独立国家组成的体系为基础，各国不干涉彼此间的内部事务，并通过大体上的均势遏制各自的野心。在欧洲的角逐中，没有哪一方的真理观或普世规则胜出，而是各方在自己国家领土内行使主权。各国均把其他国家的国内结构和宗教追求当作现实加以接受，不再试图挑战它们的存在”。

威斯特伐利亚体系是国际政治的一个起始点，同时也是战争观的转折点。基督教会在世俗界统治地位被终止了，但尊严得以保留，教会专事思想教化工作。欧洲各国王权与教会纷争得以终止。教会的世俗权力不复存在，其阴暗面也随之被遗忘，剩下的全是高尚亮丽的形象，教会重拾上帝光环。此外该体系也为现代国际关系奠定了基础，国家主权得到认可和尊重。在威斯特伐利亚体系下，战争目的已不再是消灭敌对国家，而是均衡国际关系，虽然在许多情况下会出现失控，但总体保持了稳定。

二、国际共存解决方案

威斯特伐利亚体系，其实是原始民主的历史延续。在原始部落，为了生存，部落的成员们不得不结成一荣俱荣、一损俱损的群体，群体决策与管理始于民主。随着部落与国家强大，作为战俘的奴隶阶层加入，部落与国家的民主局限于公民阶层。到了中世纪，民主与领主制有机结合，成为同一阶层成员决策的民主方式，例如，城市议会、圆桌骑士等。在近现代社会，民主被打上国家利益烙印，但前提是有相互不能屈服的政治力量存在，民主成为各方力量平衡的妥协方法，而不是自我约束机制。在国内政治方面，只有各种政治力量形成均衡，才能给民主以发挥的空间。在国际政治方面，威斯特伐利亚体系又何尝不是国家之间妥协的产物；是混战的欧洲各国，相互打得筋疲力尽而不能互相消灭或屈服时，不得已之下才选择国家间的妥协，建立威斯特伐利亚体系，旨在成为共存的规则。这一体系的意义是认识到了“零和博弈”的局限，终止了国际社会丛林规则，承认了各国的合法性，为解决各国之间的矛盾和争端建立了一个相对合理的世界秩序。欧洲的国家版图从此基本稳定，国家之间的武力吞并被排斥，国际社会通过民主途径寻求平衡以期共存。

威斯特伐利亚体系经历了150余年考验，欧洲各国为殖民地纷争不休。席卷欧洲的资产阶级革命，包括法国输出式革命，英国、德国等君主立宪制改良，以及欧洲列强瓜分殖民地纷争等，欧洲并未在三十年战争后休养生息，被欧洲主宰的世界同样处在动荡不安之中。直到1814年拿破仑滑铁卢兵败，欧洲列强才得以在维也纳会议对支离破碎的威斯特伐利亚体系进行修补。维也纳会议重新厘定了各国的疆土，在威斯特伐利亚体系基础上建立了国际关系的雏形，之后逐步发展为现代社会的国际法体系。维也纳会议所开辟的现代国际关系先河，保障了之后一个世纪世界秩序的大致稳定。但作为战胜国盛宴的维也纳会议，由于漠视了战败国基本民生，给战败国留下的生存空间极其狭小，为之后产生更大世界性冲突埋下了隐患。

三、历史影响

威斯特伐利亚体系在人类历史上，特别是在欧洲历史上具有划时代意义。首先，检讨了欧洲有史以来建立在国家丛林规则之上的战争观，创立了国家之间共存的新模式，欧洲的政治版图基本得以稳定。虽然这种共存并不意味着国家之间完全平等相处，也不意味着弱国不受欺凌、分裂甚至毁灭。但在利益冲突之时，当事国有了除战争之外解决机制的选择。人类开始放弃“零和博弈”思维模式，摆脱了动物本性的约束，虽然此时人类还不能像上帝那样思维，但终于明白了共存的道理。其次，威斯特伐利亚体系建立的规则，后演进为国际法的雏形。国际法虽然不像各国国内法那样受强制力约束，但成为国际社会建立在广泛共识基础上的规则，受道德准则约束，是人类思想史上非常伟大的进步。再次，由于欧洲当时处于世界政治中心地位，威斯特伐利亚体系也成为国际关系的准则，客观上庇护了世界弱小民族和国家的生存。虽然在多数情况下威斯特伐利亚体系不能与国际强权政治抗衡，但占据了道义上的高度，也鼓励了弱小民族自强精神。最后，威斯特伐利亚体系虽然起源于不得已的妥协，但符合“中庸”理念，因而也更容易为东方的思想文化体系所接纳。我国所主张的国际关系的和平共处、利益主体之间合作共赢和构建人类命运共同体，与这一规则殊途同归。

及至20世纪初，维也纳会议埋下的雷终于爆发了，接踵而至的两次世界大战使威斯特伐利亚体系受到了新考验。

第二节　世界冲突

一、第一次世界大战

1914 年6 月28 日（6 月28 日是塞尔维亚和波斯尼亚联军在1389 年被土耳其打败的日子，是塞尔维亚的国耻日），奥匈帝国王储费迪南夫妇在检阅以塞尔维亚为假想敌的军事演习后，返回萨拉热窝市区时被刺杀身亡，84 岁的国王弗兰茨，这位茜茜公主的丈夫，在得知侄子遇刺后，虽然费迪南是他很不喜欢的继承人，但还是选择了向塞尔维亚宣战，从而引发了第一次世界大战。这也许是一生劳累、命运多舛的弗兰茨国王犯下的最大错误。弗兰茨虽贵为国王，但他一生的痛苦经历却远超常人：其年轻时遇刺不死；儿子殉情自杀；妻子茜茜公主被刺杀；弟弟丧命美洲；本人是一生勤政的工作狂，号称国家第一号公务员。然而，相比他贸然宣战带给全世界历时4 年地狱般的浩劫，他的命运坎坷已不值一提了。全世界分为同盟国和协约国两大阵营，30 多国约 15 亿人被卷入战争，造成300 万人伤亡，财产损失难以估量。第一次世界大战以同盟国战败投降告终。虽然 86 岁的弗兰茨在 1916 年亡故时没有看到战争结果，也不用承担战败责任，但奥匈帝国从此走向衰亡。“一战”后各国又用了 20 年的时间休养生息（其间经历了俄国的十月革命），经过重建，重新武装的前同盟国国家羽翼丰满了起来，特别是德国在希特勒的统治下迅速崛起，世界又不太平了。

二、第二次世界大战

1939 年 9 月 1 日，德国向波兰发起了进攻，第二次世界大战随即爆发。相比第一次世界大战，第二次世界大战参战国高达 84 个，约 20 亿人口卷入战争，伤亡人数过亿，战区从欧洲扩张到亚洲、非洲、大洋洲，波及大西洋、印度洋、太平洋、地中海。战争的两大阵营为以德、意、日为中心的轴心国和以英、美、苏、中、法为主的同盟国。第二次世界大战以轴心国的战败投降落幕。第二次世界大战被认为是资本主义与共产主义联合战胜了法西斯主义。社会主义国家在第二次世界大战后发展为 15 个。

吸取第一次世界大战教训，战胜国们并未像第一次世界大战时的胜利国那样贪得无厌地瓜分胜利果实，而是给战败国民众留下喘息和休养生息的空间。除了美国对日本政治、军事上严加管制之外，对德、意等前轴心国政治上采取宽松政策。这就消除了战败国家民众反抗心理，遏制了法西斯主义复活，相比“一战”与“二战”之间 20 余年短暂和平，“二战”后距今 70 余年，除了局部战争之外，世界总体处于和平状态，这与战胜国领导人们的高瞻远瞩分不开。然而 70 余年的总体和平并不平静，“冷战”与林林总总的冲突与局部战争，似乎在不断敲打战争警钟，刺激着人类的和平神经。

三、“冷战”与局部战争

在第二次世界大战期间，英美与苏联对战后的世界政治格局各有打算，且不断明争暗斗。“二战”后期，苏联红军占领了柏林的主城区乃至东欧，美英法联军占领了西欧。随着 1949 年中华人民共和国成立，社会主义国家形成了横跨亚欧的巨大联盟。而世界也因意识形态的不同分化为以美国为首的资本主义阵营和以苏联为首的社会主义阵营。此时英国虽然在第二次世界大战中元气大伤，但仍作为美国的铁杆盟友成为反苏同盟中坚力量。

朝鲜战争是指1950年6月爆发于朝鲜半岛的军事冲突。朝鲜战争原是朝鲜半岛上的北、南双方的民族内战，后因美国、中国、苏联等多个国家不同程度地卷入而成为一场国际性的局部战争。朝鲜战争是第二次世界大战结束初期爆发的一场大规模局部战争。直到1953年签订停战协定，双方共付出250余万人伤亡代价之后，又回到了战前“三八线”，朝鲜半岛迎来了新和平。

另一场局部战争是1955年至1975年的越南战争，美国出于阻止共产党向印度“渗透”的冷战思维，从开始支持南越政权到最终派遣军队介入战争，前后20年伤亡36万余人，耗资4000多亿美元。美军地面部队吸取朝鲜跨越北纬38度线的教训，始终未敢越过中国的出兵红线——北纬17度线。如果说1952年朝鲜停战还给了美国人一点体面的话，那么1975年10月美军从南越撤军简直就是灰头土脸，留下的南越傀儡政权随即倒台，北越共产党迅速统一了越南全境。

第三场局部战争是阿富汗战争。苏联为了支持阿富汗傀儡政权，1979年12月派出10万大军攻入阿富汗，开始苏军进展顺利如入无人之境，但很快就陷入泥潭，被游击战消磨得筋疲力尽。长达10年时间，数万名苏军伤亡，损失达450亿卢布，在1989年全面撤出阿富汗，两年后苏联解体。

第三节　更好的解决方案

一、需要新方案

战争最早源于生存竞争，通过与动物的战争，人类从弱肉强食的动物世界中脱颖而出；通过与自然的斗争，人类撑过了自然灾害和疾病的浩劫；通过人类之间的战争，人类完成了社会的更迭，促使人类社会的优胜劣汰。战争在人类历史上的积极意义是，战争成就了人类，也保障了人类的强大。但战争的消极一面也是显而易见的：人类之间战争的血腥和残忍，战争巨大的破坏力，以及对于人类道德的破坏，人性与良知的摧残。在现代科学、技术的帮助下，战争的巨大破坏性已经威胁到人类整体的生存了。于是进入现代社会的人类开始反思：在人类可以主宰地球生态的情况下，还有必要继续摧残和掠夺吗？在人类物质生产完全可以满足全人类的基本需求情况下，还有必要通过战争相互争夺吗？在世界主要国家之间的核武器都可以致对方于毁灭的情况下，还有必要去挑起或者引发核冲突吗？在人类政治信仰、社会制度、利益、宗教信仰以及民族矛盾时有发生的情况下，战争是唯一的解决方案吗？

成就了人类文明与发达的战争，如今已经走到了它初衷的反面，成为困扰人类和谐稳定发展的障碍。这些已经成为人类社会的共识，也是蓝色文明观产生的社会基础。逐步淡化和削弱战争理念，直到最终消除战争。只有让战争从人类生活中消失，人类才能摆脱羁绊，彻底放飞自己；人类才能把现代科学技术真正用于创造幸福和福利的事业中，而不是消耗于战争或者治疗战争创伤。

然而要消除战争，人类还有好长的路要走，包括观念与思想文化的调整，社会政治经济格局的改变，民族、宗教与历史问题的解决等。虽然人类对于战争充满了厌恶，对于无休止的战争失去耐心，也对战争心存恐惧，但如果战争是解决人类争议或者生存的唯一出路的话，在别无出路的情况下，仍会选择战争。因此，要想改变人类根深蒂固的战争观念，就需要寻找比战争更好的解决方案。

二、和解与妥协

从古至今，在战争双方势均力敌情况下，往往会选择和解。和解意味着某种利益的妥协，前提是双方力量平衡，一旦平衡被打破，和解就面临消亡。和解也被认为是一种博弈的策略，除了双方力量均衡外，还可能有多方面原因，例如，以退为进、迷惑对方、担心第三方渔利等。和解也有附条件的情况，一方根据自己情况提出和解条件，在满足对方条件下达成和解。历史上还有通过联姻、提供贡品、臣服获得保护等方式达到和解的目的。在人类历史上，和解永远是与战争并存的，作为战争的补充，或者以战争为后盾的解决争端途径。相比战争，和解可以减少损失和伤亡，但和解也往往被强权者利用，"不战而屈人"，或者迫使弱者接受奴役和屈辱的条件。

由此可见，和解与妥协在人类争战历史上，更多时候是作为一种与战争并用的博弈手段。战争根源在于人类利益差异和冲突，在人类不能停止为了利益博弈的情况下，任何形式的妥协都永远是暂时的手段、策略，而不能成为最终的解决方案。

三、替代措施

替代措施是指用非战争手段打压对方，虽然比不上战争的破坏力，但可以使对方受到与战争相当的损失，在大多数情况下，替代措施也可以起到战争的预期效果。替代措施有时与战争交替进行，或者作为战争的前行为，在替代措施达不到预期效果后，再诉诸战争。通常替代措施包括施压、封锁和经济制裁，也包括"冷战"。

（一）施压

施压是指向对手表明主张并以战争、封锁、制裁等不利对方手段为后盾。施压包括单独施压和集体施压，例如，在国际上还有通过国际社会或者世界舆论对特定的国家或者组织进行，也有弱国为了维护自己的权利，要求国际社会向侵权国家施压的。最后通牒是施压的极端手段。

（二）封锁

封锁包括军事封锁和经济封锁，或者兼而有之的全面封锁。封锁的前提是封锁方有绝对优势，即有力量封锁对方。封锁方通过封锁给对方造成种种损失和困难，意图使对方屈服。封锁虽然比不上战争那样激烈，但对被封锁者的损失有时不亚于战争。

（三）经济制裁

经济制裁是现代西方社会最流行的替代战争手段，联合国为了维护世界和平和安定，有时也会使用。美国对于经济制裁用到了极致，成为实现全球霸权的重要手段，其往往凭借军事优势，对弱小国家动辄使用武力；而对于较为强大的国家，则以经济制裁为第一选择。近年来美国对中东、西亚国家频繁动武，或挑起代理人战争，造成难以解决的乱局；此外对俄罗斯、伊朗实行最为严厉的经济制裁，试图压垮这些国家经济，达到与战争相同的目的。

（四）“冷战”

“冷战”具有特定定义，是指美国和苏联在第二次世界大战后长达半个世纪的非战争博弈，包括政治、经济、军备、间谍、代理人战争等，除了正面战争之外的一切打压手段。“冷战”以苏联解体，美国独霸世界而终结。在西方国家看来，“冷战”所达到的效果，甚至超过了两次世界大战。在“冷战”思维的主导下，美国又把矛头对准了改革开放后崛起的中国，针对中国的贸易摩擦急剧增加，并在高科技领域、政治领域对中国进行全面打压，试图压垮中国经济，减缓中国发展速度，改变中国政治体制。同时，特朗普政府在经济不佳情况下不断给自己打“强心针”，包括在国际交往中推行美国优先原则，薅盟友的“羊毛”，强迫驻军国交“保护费”，搞得全世界怨声载道。拜登政府上台后，改变了特朗普的“独狼”战术，联合、挟持了众多“盟友”，试图从全方位对中国打压，以此达到目的。虽然手段比特朗普更为老辣，无奈“冷战”思维与全球化、信息化格格不入，加之因抗疫失败导致经济衰退，已自顾不暇，无望阻止中国和平崛起。

四、和平共处与合作共赢

不同于西方“零和”思维、“冷战”思维，中国在国际事务中所遵循的是和平共处与合作共赢方针。和平共处由老一代中国领导人在 20 世纪倡导，21 世纪中国新一代领导人又在此基础上，提出了合作共赢新思维。这一思维是进一步发挥智慧、解决战争问题的新方案。面对利益冲突引起的战争，和平共处只能缓解对立、维持休战，而不能改变导致冲突的利益，不能从根本上消除战争根源。而合作共赢正是抓住了这一问题的关键，所谓合作，就是在冲突双方利益共同点上的合作，通过合作使双方都获利，当双方共同利益大于冲突利益的时候，就达到了“双赢”，利益争夺已没有必要，战争也就自然被放弃了。通常情况下，合作共赢是可预期的，并且以国家信誉为保证，而这可以在冲突发生或预期发生的情况下，促使双方首选合作，而不是战争。在现代大国博弈中，军事实力平衡也是促成合作共赢选择的一个重要因素。在“合则两利，战则两伤”的预期面前，合作共赢更容易被双方接受。

合作共赢在军事力量均衡的国家之间更容易被接受，因为这些国家害怕两败俱伤。但对于小国来说，由于实力悬殊，似乎没有和大国合作共赢的资本。大国拥有压倒性的军事和经济实力，也看不上小国的“蝇头小利”，尽管小国热望能合作共赢，但大国会认为战争是更快捷、更方便地解决冲突的方法。然而事实并非如此，以苏联和美国入侵阿富汗为例，即使是大而强的国家面对小而弱的国家，战争也不是最好的解决方案。合作共赢不只适合于大国间，也同样适合所有国家间，国力和发达程度对此没有绝对影响。

第四节　人类命运共同体

人类命运共同体，是以习近平同志为核心的党中央就人类未来发展提出的“中国方略”。习近平总书记在《共同构建人类命运共同体》中提到，要坚持对话协商，建设一个持久和平的世界；坚持共建共享，建设一个普遍安全的世界；坚持合作共赢，建设一个共同繁荣的世界；坚持交流互鉴，建设一个开放包容的世界；坚持绿色低碳，建设一个清洁美丽的世界。

构建人类命运共同体，是解决困扰世界难题的中国方案。这一方案的提出，是5000年中华文明与马克思主义相结合的产物，是西方文明与东方文明融合的结晶，是人类社会的共同财富，也是历史的使然。

一、共同利益的期待

古往今来，人类社会无不以利益为追求对象，一切社会不平等，兼出自利益不均；一切战争和争端，兼来源于利益争夺；一切社会活动，都可以解释为受利益的驱使。人类所追求的利益，不仅包括生活资料和生存空间，还包括更高的生活质量。利益既是社会发展的驱动力，也是威胁社会存在的破坏力。随着社会生产力的提高，剩余物资的出现，原始社会的“部落共产主义”退守到家庭，发展成“家庭共产主义”；到了现代社会，这种家庭共产主义体制也渐被削弱。近代社会为了避免利益争夺的无序化，制定出许多法律体系，人们依法行事，避免了许多破坏性竞争，但仍不能避免竞争本身，其激烈程度不减反增。市场无序竞争本身导致的灾难性后果，如破产、倒闭、失业等也会造成社会资源的巨大浪费。利益争夺导致的战争与争端，“冷战”以及意识形态博弈，是整个 20 世纪人类社会的主旋律，由此造成的损失超越了历史的总和。

物极必反，人类追求利益无异于自杀的疯狂举动已经使人类走到了死胡同，开始寻求利益平衡也在所难免。(1) 在军事方面，由于核武器的出现，世界核军备达到相对平衡。各国致力发展高科技常规武器，其研发费用甚至超过核武器，引发了新一轮世界武备竞赛。当常规武器威力不亚于核武器的时候，世界还会回到核武器平衡的原点。当博弈双方发现无法通过强力获取对方利益时，就会退而求其次，寻求新的利益平衡点。(2) 世界经济全球化发展，第四次工业革命推动，已经动摇了冷战以来形成的美国政治经济垄断地位。金砖国家的兴起，日本、欧洲不堪压迫的反抗，石油、美元地位的动摇，预示着全球化、多元化经济时代即将来临。世界经济将在平等、互利基础上开创可持续发展道路，各国利益将达到新平衡。

回顾历史，虽然人类社会是从利益的争斗中走过来的，但仍有许多促进共同利益的进化事件，如火的利用、语言的进化、文字的发明、农耕、畜牧、医疗以及近代科学技术。从总体上看，人类的共同利益大于局部利益。延续数千年的利益争端，源于私有制出现，与人类共同利益背道而驰。从利益冲突到利益平衡，是人类利益观念转变的良好开端。人类不可能满足于利益平衡而止步不前，人类的下一步自然会是寻求利益的共同点。例如，在应对气候变化、污染治理、疾病控制、脱贫、可持续发展、集体安全等方面。人类将以此为起点，开展合作，获得共赢，从而扩大共同利益，并使之泽惠到全世界人民。共同利益是人类命运共同体建立的基础，随着共同利益的扩大、利益观的转变，人类会为了赢得更多共同利益而更团结，结成真正的命运共同体。

二、存续和发展的需要

共同命运往往与灾难和生存连在一起。历史上人类为了应对灾难，不得不结成一定团体，用共同力量去抵御，求得生存，形成了一荣俱荣、一损俱损的局面。面对共同的命运，个体之间不得不紧密团结在一起，为维护团体共同的生存或利益，必要时可以牺牲个体利益。从原始部落、民族、国家到国际联盟，人类聚集成团体，就是为了“抱团取暖”，抵御共同的灾难，维持生存与种族延续。在历史的长河中，人类为了生存，结成了从家庭到社会的大大小小的命运共同体；在现代社会，随着经济全球化进程，互联网、现代交通与通信的发达，全人类也在许多方面不得不面对共同的灾难与威胁，形成共同的命运形态，因而需要结成以全人类为共同主体的命运联合体。现代社会人类面临的共同灾难和威胁可以解读为以下几个方面。

（一）负和博弈

战争对于人类摆脱动物的威胁，登上地球食物链顶端起到了积极作用。但自从战争用于人类之间的利益争斗，对人类社会的发展已经是弊大于利。现代战争已经威胁到全人类的生存安全，战争正由“零和博弈”演变为“负和博弈”，任何微小争端诉诸战争都有可能酿成大战甚至世界战争，轻者会两败俱伤，严重会导致人类共同灭亡。

（二）无差别污染

无处不在的污染，已经使人类没有了尊严。对于火的过度使用，已经使碳氢化合物迅速消耗，引发了温室效应等气候灾难。对于化学物质的滥用，已经造成了人类食品、药品、生活用品、生存环境等都处于污染之下。物理污染如核放射、电磁辐射、噪声、光、热等，使每个人几乎没有安全的生存场所。相比其他生存威胁，污染对每个人的威胁几乎是无差别的。

（三）病毒困扰

近现代医学和科技虽然越来越发达，然而对于许多病毒，除了利用疫苗诱发人体免疫力外，尚未找到杀除的有效方法和途径。继萨斯、埃博拉后，肆虐全球的新冠病毒，感染人数众多，甚至出现了大量死亡病例。疫情导致了全世界的经济停滞，人道主义灾难频发。

面对上述对人类社会的共同的、无差别的生存威胁，人类的命运是相同的，虽然极少数的富有人群可能借助经济上的优势躲过一劫，但对于大多数人以及整个人类社会延续而言，生存威胁是根本的。在整个社会都难以存续的情况下，少数富有人群也不可能独活。面对共同的生死存亡挑战，人类不得不像古代部落一样，为了生存的共同利益，重新联合起来，结成命运共同体。建立人类命运共同体，也是人类续存和发展的需要。人类需要在共同利益与共同目标下，摒弃前嫌，走合作共赢的道路。人类社会高度发达后，私有制或将成为累赘，就像进化出发达大脑的人类不需要像动物那样进化出笨重的装甲、尖利的爪牙一样，私有制将失去存在必要。人类社会像一匹骏马，一旦摆脱了私有制的羁绊，就会一发向前。马克思所提出的生产资料私有制与生产社会化的矛盾，将最终得以解决。

构建人类命运共同体，既解决了人类存续问题，也解决了人类社会的可持续发展问题。重新团结起来的人类，再也没有必要因为安全而担忧了，也不用为财产而纷争了，人类发展的唯一动力就是营造共同美好的生活，维护人类的美丽家园即维护地球的生态平衡。人类将进入蓝色文明时代。

三、共同利益与局部利益

从全人类的角度看，战争也只是局部利益之争，与人类社会的整体利益相冲突，污染也是人类为追求局部利益产生的灾难性后果。虽然导致各种污染的利益追求很难区分阶层和族群关系，但污染至少是人类当前利益和长远利益的冲突。

由此可见，人类局部、短期的利益，以及利益的偏见，乃是对人类共同利益观的主要干扰，阻碍了共识的形成。构建人类命运共同体，首先要调整好人类局部利益与整体利益、眼前利益与长久利益的关系。当前局部的、眼前的利益的占有者是社会的统治阶层、精英阶层、富有阶层，掌握着国家和社会的政治、经济命脉，要打破局部利益的藩篱，就意味着动了既得利益者的奶酪。

以消除战争为例，阻碍主要来自两类既得利益群体：其一是战争结果的受益者，其二是战争经济的获利者。鉴于这两类利益群体的成员不论是个人还是族群、国家，都处于国内、国际的重心位置，撼动其利益并非易事。再以消除污染为例，以污染为代价发展起来的现代生活的最大受益者也是发达国家和社会的富裕、精英阶层。如果以牺牲现代生活来治理污染显然不现实。即使是面对威胁人类生命的新冠病毒传染，一些西方社会所谓的“人权”群体仍对佩戴口罩、接种疫苗这样的防疫常识充满敌视和抗拒。由此可见，即使是对人类命运共同体达成全球性共识，但如果要让既得利益者放弃利益，让长期形成的观念定式改变，难度也极大。

面临上述看似无解的问题，中国提出“合作共赢”的解决方案可望成为破解这一难题的钥匙。以消除战争为例，合作主体就是战争的双方。用合作的利益取代战争利益，用节约战争资源取代战争消耗，可望使战争双方都得益；而将先进的军工技术和军工生产能力转移到民用产品生产，还可以使军火企业获得更多的收益，进而促进国民经济的发展。如果使合作的双方都能达到相当或者大于通过战争预期达到的利益目标，再加上节约了高昂战争成本、军转民产生巨大经济和社会效益，合作利益就会远大于战争利益，“合作共赢”就会取代战争，成为国际社会解决争端的最佳方案。再以治理污染为例，在温室气体排放、大气、土壤、水体以及产品方面也存在巨大既得利益障碍，且抵制还会来自社会生活方方面面。如果用“合作共赢”方案解决，在政府等多方面参与合作下，将治理污染打造成一种相关产业都能获利的商业模式，参与各方不但消除了利益障碍，而且会发现通过合作创造出新的盈利模式，再加之根本消除污染对全人类的巨大利好，“合作共赢”就会成为治理污染的最佳方案。

四、第四次工业革命助力

随着第四次工业革命的深入推进，资本主义社会的内部的结构性矛盾会进一步加深。而生产资料构成的变化，会加速其社会化进程，第四次工业革命，对于传统资产阶级会是一个两难的选择：如果与精英阶层彻底摊牌，会导致社会撕裂，影响到参与第四次工业革命的进程，就会被超越；如果放任第四次工业革命发展，就会坐视自己既得利益消失。可见第四次工业革命对于传统产业的冲击力之大，也意味着整个资本市场、产业结构需要重新洗牌。

第四次工业革命会为构建人类命运共同体，走合作共赢发展道路，消除战争和污染，使人类远离疾病，回归蓝色世界，提供巨大的助力和推动作用。首先，随着第四次工业革命的深化，信息成为主要生产资料，传统资本被边缘化。信息是一项公共产品，是共享的社会财富，由此就自然解决了生产资料私人占有与生产社会化的矛盾。信息除了具有社会化特征外，还具有即时性和动态性的特征。由于第四次工业革命时期的信息已经不具有私人占有的属性了，故在建立人类命运共同体链条上的最大利益障碍也不存在了。

第四次工业革命在信息化主导下，在最先进科学技术武装下，生产力被彻底解放，从生产到生活，经济与社会运作每个链条都具有精确性、预期性、超前性，从而保障了高效，避免了浪费，创造出人类社会最完美形态，助力于结成真正命运共同体。

第五节　和平发展之路

中国提出“构建人类命运共同体”的方案，不仅有望把人类从战争与污染的误区中解脱出来，也将使世界重新审视过去尊崇的文明观、价值观，检讨建立在暴力和强权之上的国家关系。中国积极推进人类命运共同体的建设，所走的是一条合作共赢的和平发展之路。

一、“帝国坟场”启示

被称为“帝国坟场”的阿富汗，拥有约65万平方千米的土地，3000余万人口。虽然是一个中等国家的规模，但属于世界最贫困的国家之一。由于地处南北亚洲的分界线，加之帕米尔高原的地理优势，历来都是霸权主义国家争夺的焦点，掌控了阿富汗，就等于俯瞰南亚、西亚，扼住了丝绸之路的咽喉通道。所以近代以来，一直是觊觎亚洲的世界强权的争夺热点。

英阿战争，即英国与阿富汗两国于阿富汗国境内所发生的战争。英阿战争共发生三次，第一次发生于1839—1842年，第二次发生于1879—1881年，第三次发生于1919年。当时如日中天的大英帝国为了与俄罗斯帝国争夺亚洲控制权，三次试图拿下这个亚洲的战略高地，结果以损失4万余兵力告终，反观阿富汗人却将大刀长矛换成了英国武器，英阿战争失败成了英国人的噩梦，大英帝国开始走向衰落。

1979年苏联对阿富汗发起进攻，开始进展顺利，但10年未果。到1989年从阿富汗撤军，共付出5万人伤亡的代价，阿富汗越打越强。两年后，苏联解体。而AK－47成了阿富汗游击队的标配。

2001年，美国以反恐战争的名义，组织英、德等国联合发动阿富汗战争，美国像在越南一样，又一次陷入战争泥潭而不能自拔。20年的战争，联军共付出数千人伤亡代价，战争费用高达万亿美元以上。及至拜登总统上台，不堪重负的美国也顾不了越南撤军的教训了，于是找了个集中军事力量对付中国的理由糊弄美国国会和百姓，高调宣布在2021年“9·11”这个令美国人痛苦的日子前从阿富汗撤出。美国此次从阿富汗撤军，丢盔卸甲，不亚于逃跑。反观阿富汗塔利班，由俄式武器换装成美式装备。

一个世界上最贫穷的国家，使三个世界最强权大国的入侵以失败告终，阿富汗所经历的战争，是近代战争、现代战争和后现代战争的典型，无一不是与最先进的武器和最强大的军队较量，虽然正面对抗不占任何优势，但阿富汗独特的地形和社会结构，宗教与民心顽强与侵略者相持，最终使侵略者的图谋失败。从1839年到2021年，180余年的时间，阿富汗人民多次进行反侵略斗争，使3个超级大国的入侵失败并走上衰落之路，成为货真价实的“帝国坟场”。

虽然有人会强调阿富汗战争的一些外来支持因素，这些帮助对抗衡入侵者起到一定作用，但阿富汗3次战争也给世界以如下启示：（1）在现代社会中靠武力征服一个民族的现象已经成为过去，即使这个民族是落后和贫穷的；（2）现代战争是一把“双刃剑”，在加诸别人时，也会对自己产生损害，随着时间的推移，这种损害会使加害者无法承受；（3）战争不是现代国际治理的唯一选择，但可能是最坏的选择；

（4）对话与合作共赢，正在成为解决现代国际争端的希望。

二、“一带一路”倡议的意义

“一带一路”，是“丝绸之路经济带”和“21 世纪海上丝绸之路”的简称。这是遵循古代“丝绸之路”的历史轨迹，通过合作共赢的方式，积极发展中国与古丝绸之路沿线国家的经济伙伴关系，打造“政治互信、经济融合、文化包容”的利益共同体、命运共同体和责任共同体的国家级顶层合作倡议。古代丝绸之路包括陆上丝绸之路和海上丝绸之路。陆上丝绸之路是指从公元前 200 年开始的从中国的西安，经河西走廊、中亚国家、阿富汗、伊朗、伊拉克、叙利亚等到达地中海以罗马为终点的陆上贸易通道；海上丝绸之路是指始于公元前从中国东南沿海城市广州、泉州等出发，途经南海穿过印度洋，进入红海，抵达东非和欧洲的海上贸易通道。

“一带一路”沿线国家，大都是欠发达的第三世界国家，包括中亚、南亚中东、东欧与非洲大陆。这些国家自然资源丰富，多数与中国一样都经历过殖民主义、封建主义的压迫和剥削，世界最贫穷的国家都在此。中国的发展经历给这些国家树立了榜样，中国的经验也可以适用于这些国家的发展。中国在给沿线国家提供榜样与经验的同时，也着手帮助这些国家走和平崛起的发展道路。这是中国送给世界的礼物，也是时代送给世界的礼物！“一带一路”倡议将改变人类社会经济版图，也将改变人类的历史，其意义深远。

三、人类发展的主旋律

人类从动物界的弱肉强食中一路进化而来，从与其他动物竞争到与其他人类竞争，再到与其他部族、种族、国家竞争，乃至与国内不同社会阶层竞争，都是依靠强力来完成的。“9·11”之后，美国借助反恐的道德高度一举占领了阿富汗、伊拉克，建立了自己的代理人政权，并打烂了利比亚，打残了叙利亚，重创了伊朗。但随着恐怖主义被遏制，美国发现自己陷入无法自拔的战争泥潭。从西亚到中东，美国人用强力制造的乱局，非但没有解决问题，反而引发了更大的民族与宗教矛盾。

中国基于悠久的文明，近代受西方列强欺辱的历史，以及和平崛起的经验，提出了“一带一路”的和平发展倡议，走合作共赢的道路，构建人类命运共同体。这是人类历史上首次摒弃了强力征服观念的伟大创举。过去所谓的先进民族，通过征服落后民族，用铁与血教化其进入“文明社会”的规则被改写了。通过和平而不是杀戮，通过建设而不是破坏，通过合作而不是对抗，通过共赢而不是剥削，这种人类文明发展新规则，已经不是幻想，而是由中国通过“一带一路”践行着。

和平发展，合作共赢，意味着人类彻底抛弃了来自动物的本能。中国提出的人类社会和平发展的这一新观念，首先被多数“一带一路”沿线国家和人民所接受，西亚、中东被美国搞得水深火热的国家和人民，也在期盼着中国的方案。然而以美国为首的西方国家却不以为然，他们仍然信奉国际强权政治，用铁与血去推进“普世观”的教化。与此同时，这些国家还视走和平路线的中国为其最大威胁，特别是害怕中国的国力持续增长，为此不惜使用各种经济、政治、文化手段加以遏制。此外，还给中国推进“一带一路”建设设置了不少障碍。但和平发展是人心所向，人类在饱受战争与污染中觉醒了，对此，包括欧洲的一些发达国家也在认真反思。崇尚和平、合作共赢的理念已为世界多数国家所接受，成为不可逆转的世界潮流。

四、世界人口脱贫

中国的经历，为“一带一路”沿线国家发展树立了榜样，也提供了丰富的经验。目前，大多数“一带一路”沿线国家的经济状况，与改革开放前的中国非常类似。中国目前所积累的经济实力，基础建设能力，都可以为这些国家提供必要的帮助。中国始终走合作共赢的道路，积极帮助、引领这些国家脱贫致富。中国改革开放的许多成功经验，可以为这些国家提供最好的借鉴。例如，中国的扶贫，所采取的不是救济，而是帮助贫困人口发展自身的致富能力。中国引导和带动这些国家走适合本国国情的改革开放之路，加大在这些国家的能源和基础建设投资，鼓励建立市场经济机制，发展外向型经济，使这些国家的经济尽快融入全球化经济之中。

“一带一路”沿线国家，如果包括印度在内，总人口在世界人口的2/3以上，如果能在中国带动和帮助下，通过和平发展，也同中国改革开放般用近半个世纪时间彻底摆脱贫困，进入“小康”，那将彻底改变世界的格局，也意味着世界摆脱了贫困。

五、远离战争与污染

如果说“二战”以后受局部战争之害最严重的地区的话，那就非这些“一带一路”沿线国家莫属了。从印巴战争、巴以战争、苏阿战争、非洲内战、索马里战争，到两伊战争、反恐战争，本来贫穷落后的国家，经历了战争的浩劫，就更是雪上加霜了，家园变成废墟，人民生命财产没有安全保障，妇女儿童在温饱线上挣扎。

除了深受战争之苦外，“一带一路”沿线国家也是世界环境问题的重灾区。非洲植被破坏导致的沙漠化，生态失衡导致的疾病和自然灾害肆虐；中东战乱导致的油井大火，战争武器的污染；发达国家倾倒垃圾和核废料的污染；南亚地区的工业污染和洪涝灾害等。一些贫困国家和地区的人民为了生存而放任污染，导致生存质量下降、寿命缩短。

“一带一路”建设，首先要遏制和阻止战争，用和平对话和合作共赢解决争端，从而消除战争隐患，改变竞争游戏规则；其次就是通过发展经济消除贫困。战争威胁消除了，战争所带来的污染也就不存在了；人民富裕了，也就不需要靠进口洋垃圾和处理核废料赚钱了。与此同时，中国的发展经济与治理污染并重的模式也会在沿线国家的发展中国家得到推广。这些国家在发展经济的同时，会开展对污染的防治，不会再走“先发展后治污”的老路了。

本章结语

人类消除战争的努力，几乎与近现代战争同步。从欧洲的三十年战争到两次世界大战，从“冷战”到核军备竞赛，从局部战争到反恐战争，战争脚步并未因消除战争的努力有所停歇，所引起的杀戮、破坏和生态灾难，与人类的能力和财富成正比，与人类智慧同步。人类诸多消除战争行为的结果还只是局限于从自身利益出发而避免两败俱伤，避免“负和博弈”，而没有从消除战争根源上去发力。在几个大国间激烈的军备竞赛阴影下，非但没有给世界带来安全感，也没有给人类以希望的解决方案。只要人类没有走出利益争夺的怪圈，无论是可控的局部战争，还是封锁、制裁、妥协，或其他替代战争的手段，其实都只是变相的战争而已，没有改变战争的根本性质。

面对似乎无解的战争难题，中国给出了自己的方案。这个方案就是构建人类命运共同体，走合作共赢的道路。面对战争、污染等生存危机，人类命运是相同的，人类也只有团结一致、共同努力，才有可能走出困境。从另一角度看，人类命运共同体也是整体、长远的利益，但并不排斥局部、短期利益，通过合作共赢使这些利益融合。中国方案是巧妙地将看似对立的利益融合，从而消除了战争的利益根源。而合作共赢的行为方式，也是各方实现利益最大化的保障。因为在现代社会中，在科学技术的助力下，人类利益的增长点存在于合作共赢的发展之中，为了共同赢得巨大的可预期利益，合作者就会不计较或牺牲部分既得利益。同理，人类为了合作共赢，也会放下某些民族、宗教的历史矛盾。

第九章

蓝色生态

第一节　蓝色能源

一、浪费与污染

人们通常把煤炭、石油和天然气等称之为化石能源，是从燃料角度认识的。其实这些物质并不仅仅可作燃料使用，还可作为更重要、更有价值的化工原料。现代社会所有的有机化学产品，包括塑料、化纤、药品、农药、化肥、化妆品、日用品等，无不来源于石油、天然气和煤炭等。生产有机化学产品的附加值，要数十倍甚至数百倍高于燃料用途，用化石能源作动力，不但将高附加值原料化为灰烬，还产生严重的污染。

化石能源燃烧导致的温室效应，迫使人类为应对气候灾难而实施碳减排、碳中和。西方发达国家，也希望在应对气候变化方面与中国携手合作，可见气候问题的严峻。因此，认识到燃烧化石能源的危害，并下决心解决，还只是做对了一半；另一半是保护这种宝贵的、不可再生的地球资源不因燃烧而浪费。为此需要认识这些化石能源的珍贵价值。

（一）石油

石油作为有机化工原料对于人类社会的贡献远远大于其作为燃料的贡献。这是石油富含的小分子碳氢化合物决定的。现代化学工业将石油化工产品分为碳一、碳二、碳三、碳四、碳五与芳烃类（碳六到碳十）。这“碳家族”的10兄弟，不但活力四射，还可以千变万化，衍生为成千上万种有机化学产品，满足了人类大部分的服装、日用品和生产用品的生产需求。可以说，人类现代生活已经离不开有机化学产品了。

（二）天然气

天然气是以烷烃为主的气态烃的混合物，含有甲烷（碳一）、乙烷（碳二）、丙烷（碳三）、丁烷（碳四）、部分地区的天然气含有碳五和碳六。天然气中的碳一至碳五的衍生物用做化工原料与石油相同。

（三）煤炭

从理论上看，煤化工产业链应该与石油化工一样或者更长。由于成本、效益等原因，煤炭化工还限于一些局部产业。传统煤化工包括煤的气化、液化、焦化以及煤焦油深加工，电石、乙炔化工等。煤焦油深加工有较长的产业链，虽然煤焦油的化工产品具有独特优势，但许多情况下难以与石油、天然气化工产品竞争。现代煤化工是在传统煤化工的基础之上，发展以煤气化为龙头，以碳一化工为基础，合成燃料油以及各种碳一化工产品。

（四）人类还有纠错的机会

石油、天然气与煤炭，作为能源使用，虽然解决了现阶段对于能源的大部分需求，使人类享有表面的繁荣与富足，但所造成的却是对全人类乃至地球生物圈的双重危害：既浪费了宝贵的化工原料资源，又造成了碳排放污染，因燃烧带来的温室气体污染，将会把地球带入巨大的生态灾难之中，真可谓是“赔了夫人又折兵”。太阳公公和地球母亲经过近百亿年劳作，留给人类的碳资源是不可再生的，目前使用的石油、天然气，用不了几十年就会枯竭，而煤炭也用不了几百年就会告罄。宝贵的碳资源，被不负责任地挥霍了。

也许在1000年后，或者更近一些，当化石燃料彻底从地球消失，人类后代不得从太阳能、水和空气人工合成碳氢化合物时，那时化石能源可能只存在于教科书或者历史书中关于“化石能源时代”记载，当人们怀念这种廉价有机化学原料时，也会对我们的幼稚和不负责任感到惋惜，就像我们看待古人刀耕火种一样，为了收获一兜麦子而不惜烧毁整片森林。虽然说世界上没有卖后悔药的，但如果我们从现在起不再糟蹋宝贵的化石能源，而是将其保护起来，尽可能多地留给后代，同时也将蓝天白云留给他们，也许后代会对我们另眼相看。

二、化石能源替代

从理论上讲，人类社会如果停止使用化石能源，就会遏制地球温室效应的增长，地球有望逐步“降温”，恢复到工业革命初期状态。但这在现实生活中难以实现，为此人类只能退而求其次，即通过节能减排来控制或者逐步减少碳排放，以期减缓地球升温的速度。在此基础上，通过发展高科技，逐步发展和寻求替代的新能源，使化石燃料逐步退出能源领域。只有石油、天然气和煤炭以及其他碳氢化合物不再作为能源使用之时，才可能是地球温室效应的解除之日。

（一）核能替代

1869年，俄国科学家门捷列夫在前人研究的基础上，发现了化学元素周期律，解开了组成物质世界基本元素的秘密。爱因斯坦在20世纪初发表了相对论，其著名的方程式：$E = mc^2$①，揭示了原子的巨大能量，罗斯福接受了爱因斯坦研制原子弹的建议。1945年，在德国投降

① 即能量（E）等于质量（m）乘光速（c）的平方，爱因斯坦这一方程式揭示了原子能的来源。

后的两个月，美国终于制造出3颗原子弹。一颗用于试爆，两颗分别投在了日本的广岛和长崎，造成两个城市的毁灭。原子弹的巨大破坏后果，也是爱因斯坦和研制原子弹的科学家们不愿看到的。西方历史学家认为，牺牲了两个城市数十万人换取日本屈服有其历史的合理性，然而日本人或许不会这么想。但不论历史如何评价，首次使用核武器于战争所刻下的伤痕是不可磨灭的。“冷战”期间制造出大量如原子弹等核武器，成为威胁人类存亡的噩梦①，但同时也为人类和平利用核能开启了大门。从能源战略来讲，人类对于核能的利用主要是生产动力，作为化石能源的一个替代能源，目前主要用于发电，但未来也不排除用作动力或者制热。

核能包括核裂变和核聚变，虽然二者在制造武器（原子弹、氢弹）方面已经发展到了成熟阶段，但在发电方面，目前只有核裂变发电有了成熟的实用技术，核聚变发电还正在研究试验阶段。从理论上讲，核电可以完全取代化石能源或者其他能源，尤其是核聚变发电，辐射小且在容易控制的范围内②，而核聚变的材料，可以从海水中提取，不存在原料紧缺问题。

（1）核裂变发电。核裂变发电的主要材料是铀－235、铀－233、钚－239，被称为核燃料。核燃料产生的能量巨大，1千克铀产生的能量相当于2400吨标准煤所产生的能量。当前正在运行的核裂变发电，是通过在反应堆中核燃料的封闭运行产生热能，进而带动发电。反应堆具有严格的防辐射、防泄漏保护设施，其设计在理论上可以保证在任何想象到的自然危害情况下安全运行和不泄漏，但也有例外。日本东京大地震后的福岛核泄漏事故也是对经过切尔诺贝利阵痛，逐步复苏的核电

① 1945年7月16日，第一颗原子弹在美国试爆成功。目前世界上有8个国家拥有核武器，这些核武器的破坏力足以使全世界被毁灭数次。

② 氚的半衰期为12.5年，相对铀45亿年的半衰期，要好处理许多。

事业的又一次“地震”式的打击。数年来人们对核电安全的重新反省和整顿，出于对碳排放污染的担忧和未来前景的向往，仍然不能抵抗核电的诱惑，核电设计采用了更为严格的安全和防范，以及更有效的救助措施。新一轮的核电建设有望更大规模在更多的国家启动。

核裂变发电的优势在于不会产生温室气体，可以帮助人类摆脱对化石能源的依赖，此外核电的成本远低于火电，每度电不到 1 美分，约为火电的 1/10。虽然建造同等规模的核电站的成本是燃煤发电站的 2 倍，但发电费用的低廉使其具有明显的优势。核裂变发电缺点在于原料开采和浓缩会对人体和环境有放射性污染，核废料的处理会产生环境污染和社会问题，且一旦发生核事故或者人为破坏，会造成灾难性后果。

目前，一种高效、低辐射的核裂变发电，即钍基熔盐反应堆在中国试验成功，技术已经具备商业运行程度。钍基熔盐堆的发电效率是当前核裂变发电的 200 倍，而且辐射污染小、可以节约大量冷却用水，而且钍在地球上储量丰富，足够人类使用上万年。由此可见，在核聚变发电技术成熟之前，钍基熔盐堆发电将逐步取代其他核裂变发电，成为核能发电的主要力量。

（2）核聚变发电。核聚变释放的能量是核裂变的 4 倍，目前人类科学所认识和掌握的可产生核聚变物质只有氢的同位素氘与氚，也就是太阳上 150 多亿年来不断发生的核聚变。地球上的氘可以供人类近 10 亿年能源的使用，可见其是取之不尽用之不竭的。核聚变除了能量大、原料充足优点之外，还具有低辐射、安全性好的特点。因此，核聚变有望成为未来人类社会的主要能源来源。

由于核聚变需要有上亿度超高温，在超高温条件下，一切物质都变成等离子体，等离子体也称物质的第四态，核聚变就在等离子状态下完成，也称聚变等离子体。如何取得核聚变需要的高温，用什么设备保持高温并使氘在其中反应，这是建立核聚变反应堆的最大难题。

早在20世纪50年代，苏联科学家发明了托卡马克（Tokamak）核聚变实验装置，其是一种利用磁约束来实现受控核聚变的环形容器。其基本原理就是在环形真空室外的线圈经通电后产生巨大的螺旋型磁场，将其中的聚变元素氘、氚等加热到聚变的临界等离子状态，从而产生聚变。托卡马克核聚变装置被世界普遍接受，各国相继建造了类似的装置，包括美国、法国、英国、日本与德国，中国在2006年建成了新一代的全超导托卡马克核聚变实验装置，名为EAST。目前中国的核聚变试验可以将1.2亿摄氏度高温保持100余秒，7000万摄氏度高温保持10多分钟的核聚变条件，处于世界领先地位。

国际热核聚变实验堆计划（International Thermonuclear Experimental Reactor，ITER），由欧盟、中国、韩国、俄罗斯、日本、印度和美国参加，建造需10年，投资50亿美元，俗称“人造太阳”。ITER可以说是在聚变能的科学可行性得到各国实验论证基础上，开展大规模核聚变的一个试验堆。ITER试验目标是建造最先进的托卡马克装置，把上亿摄氏度高温的氘、氚组成的等离子体约束在800余立方米磁笼中，产生50万千瓦聚变能，虽然其功率只相当于一个小型热电站的发电量，但这将是人类历史上首次获得持续的、实用型核聚变发电。通过对于ITER试验性运作，可望在此基础上设计并建造出核聚变示范发电站，进而催生商业化核聚变发电。

未来的核聚变能源除了主要用作发电之外，还可以广泛用于冶金、水泥、化工等领域。此外还可用于海水淡化、制氢等。在国际社会共同努力下，核聚变反应堆建设及其应用在未来1个世纪中得到广泛发展和提升，将彻底取代化石能源以及其他非碳能源，进而取代核裂变能源，成为人类主要的、廉价的、永不枯竭的能源。

（二）太阳能科学利用

人类对于太阳能认识和利用几乎与人类进化同步。人类从最早利用阳光晾晒食物、衣物、燃料，制盐，制作陶器，到近现代，人类利用太阳能制热、制冷、发电。由于人们对于温室气体认识的加深，太阳能发电被提上了未来能源的发展日程。

从太阳直接、恒定地输送到地球的太阳能，是不用提取的现成能量。太阳能究竟有多少，有关专家做了比较：地球陆地每年所接受的太阳能约为 85000 太瓦，而目前全球每年能源总消耗量是 15 太瓦，后者是前者的 1/5000 不到。与其他可再生能源相比，风能每年约 72 太瓦，地热能约 44 太瓦，河流水能约 7 太瓦，生物质能约 7 太瓦，海能约 14 太瓦。几项合计，也只能达到太阳能的 1/600。

如此廉价和大量的太阳能，为什么不能被人类广泛利用？其主要原因有二：其一是太阳能的单位密度低，占地面积大且成本高；其二是地面接受太阳能的条件具有间歇性和随机性，如昼夜和阴雨。这两个原因导致了：其一，人类利用太阳能需要提高收集效率和降低收集成本；其二，太阳能不可能完全取代化石燃料或其他能源，成为人类的唯一能源。即使未来太阳能发电成本远低于化石能源，也需要其他能源作为必要补充。

太阳能发电可以分为太阳能热发电和太阳能光伏发电。从理论上讲，太阳能巨大能量供人类使用是绰绰有余的。但由于太阳能的间歇性、不平衡性、不规则性和控制不随意性等特点，与人类能源需求产生差异。具体到利用太阳能发电，会因为上述原因而产生更多输送、错峰和经济性等供需平衡方面的问题。上述因素决定了太阳能发电虽然可以成为人类能源的主力军，但不能是唯一的、能够完全满足人类各种需求的能源。人类在使用太阳能发电的同时，还需要有其他可控制的、稳定的能源补充。

未来光伏太阳能发电的发展，会循着两个方向：其一是离网系统，即不与电网连接完全靠太阳能光伏供电的独立系统。其二是并网系统，即与电网连接的太阳能光伏发电系统，包括两类：一类是商业化大型太阳能发电场；另一类是建筑物表面太阳能发电，这类发电设计为给本建筑物供电，多余的电力供给电网，不足的电力由电网补充。

（三）最经济的水能

由于地球陆地复杂的地理环境，水资源分布极不均衡。水能之大小，主要与海拔和降雨量有关。有关资料统计，全世界水能储量为 40 万亿—50 万亿度/年，技术可开发储量为 14 万亿度/年。2014 年全世界总发电量为 23 万亿度，如果将全世界水能储量 60% 用于发电，将会解决世界 1/3 电力需求，可见水力发电潜力之大。以中国为例，水能储量居世界第一，总量约 7 万亿度/年，技术可开发储量为 5 万亿度/年，2014 年中国水力发电装机量 1.4 万亿度，实际发电超过 1 万亿度，占全国发电总量 19%。如果以可开发储量 60% 计算，我国水力发电量可达 3.3 万亿度/年，相当于全国发电量 60%。

水力发电除了生产电力外，还被用来减少多余的电力浪费。由于社会用电的不平衡性（如昼夜、冬夏、工作日与休息日等）与电力生产的调节误差，总有一些多余电力被浪费。为了减少浪费，人们设计了抽水蓄能发电系统，利用电网多余电力将水从低水位抽到高水位，在电网缺少电力时，及时启动发电，补充电网电力。由于抽水蓄能发电的可控性，因此能起到平衡电网电力的作用。

抽水蓄能发电效能损失是巨大的，从世界范围看，效率最高可以达到 72%，但一般情况下，如果考虑到水的蒸发与渗透流失等因素，以及抽水蓄能发电本身的损耗，能达到 50% 应该是比较理想的了，但相比在用电低峰时白白浪费电力，能将该电力的50%通过抽水节能用于补充高峰时用电需求，本身的效益应大于50%的电力补充。

水力发电虽然具有投资回报稳定，维护费用低廉的优点，且可以大规模替代化石能源发电，加之价格低，因此最具商业化运作条件，是减少碳排放的最好替代能源。但水电站对江河生态环境破坏也是严重的，试想，如果世界上所有江河溪流都被大大小小的水力发电设施占领，变成一座座水坝和梯级水库，江河美丽的自然景观将不复存在，鱼类自然

图9-1　《潮汐》，[苏联] 尼古拉耶维齐·毕比科夫

洄游与繁殖也会被阻断；加之大型水坝所引发生态环境的改变和地质灾害的威胁，世界上许多超大型水电站也一直是环保主义者抨击的目标。出于环保目的的水电建设本身又受到环保主义者诟病，成为现代人类生活的另一个怪圈，也成为人类在治理污染征途上面临的新挑战。

（四）风力发电

全世界风力资源有多少，根据世界气象组织在 20 世纪 50 年代的测算，是水力资源的 10 倍。风力发电最大缺点就是受风能不确定性和不平衡性的制约，即风或有或无、或大或小，加之受昼夜、季节以及气候影响。人们想了很多办法解决这一问题，例如，在小型风电设施上安装蓄电池、飞轮储能、氢燃料电池储能以及风光互补发电等。大型并网风力发电，利用电网自身的调峰发电厂，抽水蓄能发电厂等调峰发电，填补低风、无风时发电缺口。

未来风力发电趋势是向大型化发展，在季风、海风相对稳定地区建立大型风力发电基地，例如，美国西部海岸，荷兰、挪威、印度以及中国三北和沿海地区，并建立调峰发电厂与之配套。在有条件的地方，利用特高压电网，将风力、太阳能和水力发电联网，形成风、光、水电的互补机制，减少调峰电厂压力。

（五）地热能开发

地球是由大气层、地壳、地幔和地核 4 部分单向包裹组成。地球直径约 12742 千米，地核直径约 3470 千米，地幔厚度约 2850 千米，整个地壳平均厚度约 17 千米，大陆地壳平均厚度也只有约 33 千米；相比之下，地壳犹如一个薄薄的鸡蛋壳。地球表面由 70% 的水和 30% 的陆地构成，人类以及地球所有生物以此为生活空间。由于地球运动不平衡性，地壳板块与板块之间以及与地幔的作用力，致使地幔的高温物质通过板块裂隙向地表释放，从而产生了地球表面的火山以及温泉等地热资源。人类采集这些热能，用来发电或者生活，即对地热的应用。地热能究竟有多少？据有关专家估计，约为全世界煤炭储量的 1.7 亿倍。但这一天文数字如水中的月亮，因为人类目前所实际利用的地热资源（包括发电和生活）还只相当于煤炭能源的 1%。目前，全世界地热发电装机容量约1000 万千瓦，中国2015 年地热发电装机容量超过10 万千瓦。由此可见，全世界目前对于地热能利用中只有少量是发电，大量是生活用热水。

有两项未来地热发电技术正在研究和试验中：一项是高温岩体发电技术，即通过深井钻探技术，将地表水送到 3—4 千米热岩层加热，再将热水抽上来用于发电；另一项在地表直接向岩浆囊打井，利用岩浆囊的热量发电。目前人类对于地热的利用，还仅限于利用地壳裂隙渗透上来的热量。这些热量虽然在总数上看很可观，但能实际利用的却极少。因此地热资源在目前技术水准下，还不能取代或者部分取代化石能源。如果随着科技发展，人类可以直接从地幔提取热能发电，那将是人类又一个取之不尽用之不竭的替代能源。

三、全面电气化

全面电气化，是指在动力、热力、冶炼等应用化石能源领域，用电力替代化石能源。除了替代之外，全面电气化还应该包括电力的输送和节约用电。

（一）电力替代

当前除发电外，正在使用化石能源的领域还包括：无轨道交通运输工具（包括航天器和军用装备）的驱动，冶金、水泥、制热（取暖、烹饪）等。所使用化石能源不仅数量庞大，而且“吃的”都是化石能源中的“细粮”。例如，冶金用的焦炭，航空用的航油，取暖、烹饪用的天然气、煤气等。由于上述领域自身特点，用电动化取代化石能源的情况会有不同。例如，在航天、航空和航海领域，受电池体积和重量的限制，目前还看不出有效的替代模式。但在陆地无轨道交通运输领域，目前电驱动与氢驱动的发展平分秋色，可望在十数年的时间完成替换。在冶金、水泥、制热等领域，电动化不存在技术壁垒，受制约的还是其成本和现有生产模式的惯性。

全面电气化的另一个问题就是如何与能源替代战略协调并进。如果用电气化替代了直接使用化石能源产业，而驱动这些产业所用电力还是通过化石能源来制造，那么所造成的碳排放总量并没有减少。用化石能源发电，再用电驱动这些产业，相比用化石能源直接驱动又增加了更多的损耗。因此，全面电气化应以非化石能源替代化石能源发电为前提条件。

（二）远程输电和超导技术

在全面电气化进程中，远程输变电是一个关键环节，就是如何将电力从制造地高效、低耗地输送到电力使用地。以中国为例，目前中国煤炭生产基地主要在华北和西北，水电生产基地主要在西南，而用电中心地区多为华南、华东和东北。除新疆外，这些发电中心到用电中心的距离一般都在 1000—2000 千米。解决如此远距离输变电问题，目前只有特高压输电设施可以胜任。所谓特高压输电，一般是指交流 1000 千伏以上，直流正负 600 千伏以上电压的输电线路。建立特高压输电线路，也是国家以及未来国际电网联合运行的基础设施。目前，欧洲国家计划在非洲沙漠建立大规模太阳能电站，通过特高压将电力输送到欧洲；南非计划在刚果建立水电站，通过特高压将电力输送到南非；中国与巴西联合建设特高压线路，计划将亚马孙流域的水电输送到巴西中心城市。由此可见，特高压输电，不仅可以解决远距离电力输送问题，也有助于国际社会能源合作。

除了特高压输电外，超导技术发展也会对输电产生重大影响。超导输电技术，就是在零电阻或近似零电阻下输电，即没有损耗的输电。这项技术应用关键是找到某些金属的超导临界温度（低温或超低温）并控制这些温度环境，使之成为良好的输电通道。目前可用于超导材料的物质包括铋族元素、铊族元素、汞和稀土。这些物质由于超导临界温度高于绝对低温（-272.3 摄氏度），因此被称作高温超导体。但这种所谓高温超导体并不能理解为在常温下具有超导功能，也不能理解为通常所说的高于常温的高温下具有超导功能。该高温超导体仍需要达到其本身所需的超导临界低温，才能产生超导效应。当今世界上研发成功的数百米距离超导输电技术，已经应用于局部的供电线网。相信在未来数十年内，这项技术会有长足的发展。

随着远距离超导输电技术难关的解决，人类社会未来的电网格局会逐步形成以超导输电为主干线，结合特高压、高压和低压的全球化网络。电网全球化将改变世界各国的电力生产和消费格局，有助于可再生能源和未来永久能源替代化石能源进程中，不留死角；也有助于降低能耗，提高输电效益，加速世界经济一体化。

（三）节能与节电

在未来全面电气化发展中，节能与节电在消费层面已经融为一个概念。但在电力的生产层面上，节能主要表现为减少或杜绝发电能源浪费和应用新技术提高发电效益。就目前电力市场而言，节能和压缩发电成本，已经挖取了相当的潜力。但在采用新技术发电领域，还是有很大发展空间的。例如，超导技术发电，利用超导线圈制造的交流超导发电机，可以使发电机磁场强度提高到 5 万—6 万高斯，并且几乎没有能量损失。超导发电机可以提高发电容量，达到单机 100 万千瓦级；且体积在普通发电机基础上减少 1/2，重量减少 1/3，而发电效率可以提高 50%。也就是说，如果全世界大型发电厂都采用超导交流发电机，就可以在同等能源消耗情况下增加 20% 以上发电量。

在用电领域，节电即节能。节电应包括两个方面：其一是用户节电，其二是智能电网节电。用户节电包括少用节电和用电设备节电。所谓少用节电，是指工业、社会用户，家庭、个人用户，在尽可能多的情况下，少使用电。特别是在电网电力紧张或者用电高峰期，用户节电不仅可以节约用户电费支出，还可以缓解电网用电压力。用电设备节电，是指通过高科技手段，改造现有高耗电、低效率用电设备，淘汰老旧电器。例如，在民用照明方面，采用智能照明控制系统，使用 LED 照明元件替代白炽灯和节能灯；在工业用电方面，采用新型节能电机、智能化配电设备等；在家用电器方面，鼓励和加速节能电器的使用和更新。

智能电网节电受到普遍重视。智能电网也称电网智能化。智能电网通过计算机系统对电网全部信息和数据进行分析和处理，选择最佳方案控制和运行电网，使之可靠、安全、经济、高效和环境友好。智能电网包括 6 个方面：智能化发电、智能化输电、智能化变电、智能化配电网、智能化用电和智能化调度。过去和目前的大部分电网，用电无序性和发电计划性存在着严重冲突。这造成用电高峰电力紧张，用电低峰电力浪费。通过智能电网，不仅可以合理分配用电，加强用电有序化和节约用电；还可以根据用电需要调节发电量，利用多余的电力制氢或者储能。据业内人士估计，使用全智能化电网控制系统，可以节能或者节约用电 20%—30%，甚至更多。

四、蓝色氢能

氢发热量是汽油的 3 倍，高于所有化石燃料和生物燃料；氢燃烧后生成水，无任何污染，水可以重复利用。氢占宇宙质量75%，在地球上主要存在于水和含氢化合物中，从理论上讲，氢也是取之不尽用之不竭的。氢能不同于化石能源，属于二次能源，只能通过人工手段制取，制取氢需要消耗能源。所谓的蓝色氢能，就是指氢的制取所耗费的能源是蓝色的，即用非化石能源制取。

（一）氢的制取

目前工业化制取氢气的方法主要为：水煤气法制氢、天然气或裂解石油气制氢、甲醇制氢、电解水制氢、热化学分解水制氢、太阳能光电转换制氢、光化学分解水制氢、生物质制氢等。

电解水制氢包括碱性水溶液电解法、固态电解质水电解法、高温水蒸气电解法和酸性水电解法几种。虽然电解水制氢目前耗电大（生产每立方米氢气约耗电 4—5 度），但如果利用太阳能、风能、地热、海能等可再生能源发电制氢，作为储能手段，将不稳定电能转换为氢能；或者将用电低谷时的剩余电力用来制氢，其经济价值和商业应用需求就体现出来了。

氢如果要全面取代化石燃料，就需要大量制取。而大规模的制氢，最具可行性的还是电解水制氢和热力制氢，而用来制氢的电力必须是无碳排放取得的，才不会违背取代化石能源的宗旨。符合条件的制氢方式主要有以下几种。

（1）电网错峰制氢。即利用电网在用电低峰时多余的电力制氢，这些多余的电力或者被浪费，或者用来抽水蓄能发电，转换率非常低下。利用这些电力制氢，既可以降低制氢成本，又可以避免电力浪费。

（2）风力发电制氢。风力发电由于不稳定，普遍不受电网欢迎。如果将其用来制氢，就可以避免这一短板：风大多制，风小少制，无风不制。只要风力强度达到发电程度，就会有氢被制取出来。未来的风力发电场，可以直接改造成风力发电制氢场。

（3）太阳能发电制氢。世界各地大沙漠，往往在远离城市偏远地区，沙漠地区几乎没有植被且干旱少雨，但日照时间长，最适合太阳能发电。但由于沙漠距离用电中心遥远，架设电网困难，且远距离输电损耗大、成本过高。如果在这些沙漠地区利用太阳能发电制氢，即使是包括水和氢的双向运输，也低于超远距离输电成本。

（4）水力发电制氢。主要是指在一些偏远地区的中小型水电站，架设电网成本过高，利用该电力制氢是最好的选择。对于一些大型的水电站，可以考虑错峰制氢，或者利用丰水期时多余的电力制氢。

（5）建筑物表面发电制氢。建筑物表面发电除了供给建筑物自身用电之外，多余电力也可以选择输给电网或者选择用来制氢，供自家氢燃料电池汽车使用。

（6）发电余热制氢。直接利用发电产生的高温余热制氢，对此的技术问题不存在障碍。考虑到未来核聚变发电成为取代化石能源发电的主力军，这是一个非常大的当量。或者仅此一项，就可以基本满足人类的电力和氢动力需求了。

通过发展和应用上述电力制氢途径，我们可以在现有发电设施和总量下挖掘出更多能源潜力。这些电力制氢的流程是现有生产工艺和技术可以胜任的，经济上非常合算。保守估计，如果将上述制氢方式充分利用，可以在未来得到足够多的、成本较低的氢，这些氢可用来全部替代目前使用的化石燃料。

（二）氢能的利用

氢能利用向两个方向发展，即氢热能利用和氢燃料电池开发利用。

在氢热能利用方面，氢作为燃料推动内燃机、喷气机与石油产品没有大的技术障碍，甚至对现有的某些发动机稍加改造，就可以用氢为燃料了；有所制约的是氢制取和运输成本。目前，氢能还不能像化石能源那样普遍成为发电和驱动交通运输工具的热能源。随着科技进步，氢能制取和存储将会有大的在成本方面的突破，加之人们正在研发新型的以氢为燃料的内燃发动机、航空发动机，可以提升发动机的功能和效率，有望使氢逐步向商业化发展。在航天领域，氢能已经逐步成为航天火箭推进常用燃料。目前正在研发的固态氢航天发动机，固态氢材料本身可作为航天器的某些结构材料，这些材料在航程中作为燃料消耗掉，既可以增加航天器航程，又避免制造太空垃圾，使航天器可以飞向更遥远的宇宙深处探测。

在氢燃料电池开发利用方面，氢燃料电池的基本原理就是将氢和氧的化学反应直接转换成电能，这种反应与燃烧氢的火力发电相比，由于不存在先通过氢氧反应生成热能，再利用热能发电，而是直接生成电，因此损耗小。有关资料统计，内燃机的效率为40%—50%；驱动热机并带动发电的效率为35%—40%；而燃料电池的效率为60%—70%，理论上可达到90%。氢燃料电池所排放的是水，不产生污染，加之噪声小，其优势明显高于内燃机或其他热机。氢燃料电池在驱动汽车、船舶和相关领域，已经具备了与汽油、柴油驱动的竞争优势。

（三）氢储存和运输

氢在制造或者提取出来之后，还存在储存和运输问题。氢的储运除了解决制取与利用之间的联系之外，还有另外两方面的意义。其一，未来一些偏远地区太阳能发电、风力发电、水力发电，如果考虑到电网长距离输电成本，也可就地将电力转换成氢，氢的储存与运输可以不受电网距离与建设成本的限制。其二，如果从能量储蓄角度考虑，氢储存还可以兼有能量储备与调度补充功能。例如，在用电低峰时将电网多余的电力转换为氢能储存起来，在用电高峰时将储存的氢能用于发电补充电网电力（此举类似于抽水蓄能发电）。

氢在常温和正常气压下是以气态存在的，具有易燃、易爆、易扩散特点。氢主要作为燃料使用，例如，运输工具发动机使用、调峰发电使用等，该使用状况决定了氢使用的分散性和间歇性，因而对于氢储存提出了更高要求。通过温度、压力调整使氢的储存形态可以根据需求选择气态、液态和固态。人们开发了高压气态储氢、低温液化储氢和氢化物固态储氢几类技术。此外，科学家们还在氢化物固态储氢的基础上，进而研发了复合氢化物储氢、有机液体储氢等前沿技术。

氢运输与天然气运输大致相近，但氢对运输条件安全性要求更高。氢运输包括管道运输、高压钢瓶运输和金属氢化物容器运输。管道运输适合用量大、用户集中、使用稳定地区。最适合运输的是有机液体储氢，可以在常温、常压下像运输汽油一样方便。

第二节　蓝色工业

世界工业革命的成果之一，就是把手工生产转化为机器生产。机器产品和机械化、自动化、数字化逐步进入生产、生活领域，影响着社会、政治、军事的方方面面，但污染也接踵而来。越来越多的人认识到污染的严重性，更多的人期望着改变。但目前人类似乎陷入一种污染、治理、再污染、再治理的无法解脱的怪圈之中。如果没有新突破、没有革命性改变，人类噩梦还会继续下去。

以高科技为龙头的第四次工业革命，已为改变奠定了坚实的基础。借助信息化，工业革命将会对污染等问题提供解决方案，包括 3 个方面：其一，对于现有生产的全过程进行有效控制，广泛使用新技术、新工艺，使污染排放减到最低限度，直到“零排放”；其二，开发与推广无污染新材料、新产品，逐步替代含污染物产品，淘汰污染产业链；其三，采取更有力的行政与经济干预，对污染产品予以限制和淘汰，对替代产品给予鼓励和扶持。通过发展高科技，积极发展无污染物质和材料，替代现有污染物质和材料。在高科技的支持下，以“零污染”为目标，调整现有生产手段、生活方式。

一、“零污染”工业园区

工业园区从 18 世纪工业革命以来就存在，但当时的园区主要基于地域、原料、产品的集散和运输等因素建立，很多情况下是自然形成的，并没有考虑或者从根本上忽略了环境的因素。真正意义上的“零污染”工业园区应该是以园区污染物“零排放”，产品无污染为目标而建立的，是以零污染为目标的新产业革命。这场新产业革命与过去的工业革命的不同之处就是在工业生产中根除污染，打破有工业生产就必有污染的魔咒。实现新产业革命，应规划为两个战略步骤：首先是工业产业园区化，所有工业企业进入园区，使“三废”污染不出园区；其次是工业园区内用无污染的新产品逐步替代和淘汰含有污染物质的产品。具体分为以下三个实施阶段。产业革命的第一步，就是要将形形色色的污染企业关进新工业园区，将污染消灭在园区，使之不再危害社会。传统工业企业一般都是建在江河湖海边，除了交通运输方便之外，还有一个重要原因就是方便排污。企业污水直接排入江河湖海，造成大面积水体和土壤污染。新型工业园区建设，首先应吸取过去工厂或者工业城市建立在水边的教训，改变传统上游取水，下游排废做法。第二步要改变只管生产，不顾污染的理念。第三步要便于监管和处置。

考虑到治理污染的经济性和专业性需求，工业园区设定要尽可能专业化，将同种工业产品的生产企业归入小园区，再将小园区归入大园区，以此类推，可以根据实际情况组成大园区或者超大园区。此外园区设计还要考虑产业链的上下游关系，原料和再生原料的供给及销售市场等情况，还要考虑更有利于“三废”的处理，推动物资回收和资源再生。

二、工业园区“零排放”

“污染之虎”被关进园区并不是“颐养天年”，也不是放任自生自灭，而是通过严格的监控和污染治理措施，对企业所排放的“三废”在园区内进行无害化处理，并回收有用物质，达到园区污染物“零排放”。此举可以根据生产方式和产品实际情况，有些污染由生产企业自己进行“零污染”处理，园区只承担监督职责；有些是由园区进行处理，或者由企业自己处理一部分，再交由园区处理。一些园区无法自己处理的特殊物质，如放射废料、剧毒物质、无法自行回收的再生原料，园区可以在进行无害化预处理后，交由专门的存储或者回收机构。但不论使用哪种处理方法，园区的围墙是“三废”污染的死亡线，除了排放洁净的水和空气之外，再无任何污染物泄漏。通过这一措施，可以彻底消除企业过去向空中、水体和土壤排放污染物的现象了。实现新工业园区污染“零排放”，具体应从以下 5 个方面落实。

（1）污染气体“零排放”。污染气体，是指二氧化碳之外的其他有害气体。这些有害气体因工厂的生产类型不同而不同。这些有害气体是造成酸雨、光化学烟雾、雾霾的主要成分，是污染的“飞虎队”。降服这些“飞虎队”的主要方法是不让它们飞上天，在排放之前通过除尘、过滤等净化手段，将这些有害化学物质从废气中分离出来，回收其中的有用成分，对于无用的或者暂时不能处理的有害物质，要脱水封存。

（2）污水“零排放”。工业污水是造成水体和土壤污染的主要元凶，进入园区的企业已经杜绝了偷排的可能，唯一的出路就是净化、回收并重复使用。除了放射性污水之外，绝大部分污水可以在园区内处理。其中有用的化学成分，均可以在处理中回收，作为再生资源利用。工业污水应成为一个工业原料的“富矿”，充分开发利用，是一举两得的好事。

（3）废渣无害化处理。工业废渣如果不经处理，也是一个严重污染源。工业园区可以对这些废渣分类再加工，经过提取、分类，最后制成建材。对于放射性核废料，进行无害化封存后，送入专门的储存基地。工业废渣处理中，有3类需要特别予以重视，它们是尾矿、煤矸石和化学工业废渣，需要进行特殊的专业化处理。

（4）资源回收和原料再生。资源回收与再生，是与上述“三废”处理同步进行的。“三废”的无害化处理过程，应兼有回收资源和制造再生原料功能。园区化的资源回收和原料再生，应设计为一种商业化模式。此外还应有行政干预，例如，再生原料优先使用政策。

（5）防止和杜绝污染事故。首先，在园区的选址上，应远离居民区，并与周边的水系隔离，即使有泄漏，也不至于使污染物进入人类生活区或者水系之中。其次，园区本身应有严格的预防事故的设计与预案，一旦有事故，要尽快处理，并尽量将损失降到最低。最后，也是最重要的，就是企业本身要有严格的管理制度和应急预案，要有训练有素的工作人员和无懈可击的操作规程，园区要有切实有效的监管体制。

园区污染“零排放”，还可以有效防止二次污染物的生成。污水中各种有机、无机的有毒化合物，如果在工厂就处理了，就杜绝了这些毒物二次生成的条件，如果企业排放的都是洁净空气，也就杜绝了产生光化学烟雾、酸雨、雾霾的可能性，水体中如果没有有毒化学物质排出，就不会因有毒物质的生物富集毒害人体。由此可见，新工业园区化建设，其实就是一个消除污染的釜底抽薪之举。

三、产品向“零污染”过渡

进入园区的企业，有以下两类情况。一类是“根正苗红”的“零污染”企业，这些企业的生产成本要高于其他非零污染企业，靠产品的质量赢得消费者的认可。这类企业代表新兴工业革命趋势，园区应重点进行扶持和保护。另一类是传统工业企业，被迁入园区后，强制实施“三废”“零排放”标准，但产品仍有不同程度污染存在，对此是一个逐步向产品生产零污染过渡的过程。

在园区内生产的，仍残留污染的产品，有的是生产过程中被污染的，有的是产品原料具有污染性，如农药中的苯、印染纺织品中的铅。园区功能就是不断通过新工艺、新技术，使生产中的污染不断降低，同时发展替代原料，生产不含污染物质的新产品。

园区对输出的产品也要采用两步走策略：第一步，保障所输出的产品符合国家或国际社会的产品质量标准，即污染物的含量不超过或者低于标准；第二步，研发新产品、替代产品，逐步淘汰含有污染物的产品，并采用新技术、新工艺，杜绝生产过程中对产品的任何污染。

工业园区化既是一个刚性制度，一个强制性行政管理措施，又是一个渐进的转化过程。它的刚性和强制性表现在工业企业必须进入园区方可生产，没有别的选择，非园区的产品不但没有市场，而且要被定性为非法产品。它的渐进性表现在园区前期输出的产品并不是绝对的“零污染”产品，而是逐步过渡，从符合国家标准，到低于国家标准，最终过渡到“零污染”产品。

四、阻击物理污染

新工业园区的建立，原本为杜绝化学污染而设计。然而这样的园区是否也应有阻击物理污染的功能呢？如果应该有，那就意味着在园区整体设计思路中，要有防治物理污染的元素。物理污染与化学污染本来就是污染家族中的“两兄弟”，它们在很多情况下是伴生的，处于不可分离状况。例如，火力发电，在消耗化石能源、释放二氧化碳的同时，也产生电磁辐射和热污染；飞机、汽车在释放二氧化碳的同时，也产生噪声；现代社会中任何一家工厂、企业的生产活动，都会有不同程度的化学污染与物理污染并存。因此，在一个园区中，仅从化学一个角度治理污染是不现实的，也是不经济的。在建立新工业园区时，必然要对所有污染问题进行综合考虑和设计，对此不应理解为多此一举。

新工业园区对于物理污染的阻击措施，主要是根据物理污染的特点设计的，包括对于噪声、电磁辐射以及放射污染隔离措施，对于光污染的遮挡措施，对于热污染的禁排措施等。

五、利益平衡

如果从现有的科学技术和人类社会的经济能力考虑，在全世界范围内建立各种类型的新工业园区，将所有工业企业都置于园区内，都不存在问题。但为什么人类明知是好事儿还有犹豫呢？这其实还是一个人类战胜自我的老问题。其一是思维的惯性，包括前面讨论的文明观、发展观。当人们突然发现自己引以自豪和骄傲的价值观出现了巨大失误，世代相传、遵从的生产、生活秩序被颠覆，这也许比发展科学技术，投入资金更难被广泛接受。其二是利益的博弈。现代社会的各种生产活动，都是与利益密切相关的。包括现在的环境保护措施与环境监管，都是公众利益与利益团体之间的平衡。将工业企业全部纳入新工业园区，所涉及的是主流社会的利益。从市场经济的角度来分析，除非能够认识到园区化可以赚到更多的钱，或者认识到如果不这样做，将赚不到钱或者赔钱，否则没有企业情愿这样做。对此，除了要改变人们思维惯性外，还要立足于利益调整，在公众利益和企业利益之间找到某种平衡或者妥协。给商业化运作以更大的空间，充分发挥各方面的积极性。

第三节　蓝色农业

蓝色农业的核心就是彻底的农牧业生产革命，逐步用工厂化生产替代田园牧场生产，改变传统的农牧业生产模式，节约耕地、牧场和水资源，在生产、产品环节根除污染。蓝色农业也是人类面对污染和环境灾难所必须进行的改变。

一、农耕文化功与过

目前，世界上90%以上适宜人生活的土地被用于农牧业生产。大部分农牧业生产中，不但生产效率低下，而且由于大量使用灌溉、化肥、农药，致使淡水资源大量浪费，还造成化肥农药残留污染，土壤质量下降，部分土地、水体生态被破坏。现有的土地容量与农牧业生产方法，将无法养活日益增长的世界人口。人们不得不向荒漠、森林、湿地、湖泊索取农牧业用地，导致生态环境进一步恶化。在一些落后和水资源匮乏的国家和地区，不时发生粮食短缺和饥荒。更为可悲的是，不但在人们传统观念中，而且在现实生活中，城乡差别巨大。城市意味着先进的生产条件、富裕和现代化的生活、发达的科学技术与文化；而农村意味着愚昧、贫穷、落后与原始的生产方式，包括繁重的体力劳动与低效力的耕作。这是多么具有讽刺意味的事啊！人类第一需求的绝大部分粮食，居然是用最落后方式、最浪费资源的代价生产出来的，而人类对此却习以为常。

土地除了因农牧业自身滥耕、滥伐、滥放（牧）造成严重破坏之外，也有工业污染的因素，如工业污水导致灌溉用水污染，工业废气造成酸雨、雾霾，工业和城市垃圾造成污染等，使本来落后的农村雪上加霜，特别是一些发展中国家农村，生存环境更加恶劣。在水灾频发的孟加拉，在干旱连年的非洲，自然灾害造成更严重的人道主义灾难，在这些地区，人们甚至为了生存而容忍污染的存在、放任自然生态的破坏。由此可见，为了地球生态恢复，为了人类不受污染之害，为了人类更有效抵御自然灾害，进行一场农牧业产业革命势在必行。

不可否认现代科学技术对于农牧业生产的巨大推动，包括先进灌溉方法、土壤改造、种子革命以及农业技术的应用。但这些新科技的应用目的是提高农牧业产品的数量与质量，而不是从根本上改变现有的农牧业生产方式，因此还不是真正意义上的农牧业产业革命。

本书所推介的农牧业产业革命，是指农牧业生产工厂化，即由田园化的农牧业生产方式转变为工厂化生产。工厂化农牧业生产，其实已经有了许多成功的先例。例如，机械化的养禽养畜，工厂化养殖菌菇，无土培养蔬菜，工厂化生产花卉、网箱养鱼等。但粮食作物，特别是主要粮食作物的大规模工厂化生产，似乎还是凤毛麟角。工厂里真的能种出稻麦等粮食作物来吗？工厂化的粮食生产可以满足人类的粮食需求吗？这些粮食的质量会不会下降？回答上述问题，不仅需要从地球生态环境和人类的生存空间方面进行探索，还需要考虑科学技术与经济能力方面的可行性。

二、利好意想不到

在人们的心目中，革命意味着巨大的改变和破坏，特别是社会制度革命，代价之大，会给人类造成永久的创伤。然而，相对于这场改变万年来人类农业生产方式的革命，虽然需要巨大的投入代价，但人类由此获得的利益却是意想不到的丰厚。

（一）节约大量土地资源

未来的农牧业工厂化生产，可以使大量耕地和牧场闲置。如果以现有的工业化养殖行业为例，一个机械化养殖场，所需的土地应该是牧场的千分之几；如果以现代的蔬菜无土培植为例，所需的空间应该只有大田种植的百分之几。参照这些，考虑到粮食作物的特殊情况，保守地估计所需空间应在大田种植的10%以下。这就意味着，农牧业工厂化全面实现后，可以节约大量的耕地和牧场。人类用于改善居住环境，也大约最多用去1/3。这样还有2/3以上的多余闲置土地，用来恢复生态平衡，改善野生动植物的生存环境。加上原有不适人居的山地、森林、荒漠与湿地，人类生产、生活活动只要原来总面积的30%—40%就足矣。这样地球生态就会达到一个合理的、大致的平衡，地球生态灭绝的灾难将不会继续。试想，如果地球上再也没有那么多农田和牧场了，地球的整个生态系统就会有巨大的变化。就凭节约土地这一点，农牧业工厂化就会得到人们广泛的赞同与追捧。

（二）节约宝贵淡水资源

目前，农业灌溉用水占据地球淡水资源使用的绝大部分。但农作物对灌溉用水的吸收，不到灌溉用水的10%，其他部分，不是被蒸发，就是被流失。如果采用工厂化生产，包括辅助消耗用水，其用水量至少可以节约70%—80%。农牧业工厂化节约出来的淡水资源至少是人类目前工业、生活可用水量的数倍。人类社会将不会因为缺水而困扰了，江河湖海再也不会因为人类过度采水而干枯了，世界范围内的淡水紧张将得到彻底缓解。

（三）节约肥料

以化肥为例，目前所施用化肥只有30%左右被植物作为营养吸收，其余部分除了少量被挥发外，绝大部分被水带到地下深层土壤，或者随着排水系统进入江河而流失。化肥的流失导致土壤质量破坏、水体污染。土壤中的农家肥以及其他植物养分，也面临同样的流失和污染问题。工厂化农业，至少可以节约现有化肥的70%。

（四）没有农药、兽药残留污染

农牧业工厂化生产，可以使用更多的物理方法控制和消灭病虫害和牲畜疾病。即使有限的使用农药、兽药，也必须是在确保无任何残留的前提下，与目前大量、无节制使用农药、兽药相比，工厂化生产所使用农兽药的数量接近于零。从而将彻底改变目前这种大量有害药物残留于农牧产品，对人类造成毒害和二次毒害的状况，也从根本上改变大量的残留农药被排入江河，污染水体和土壤，造成生态灾难。

三、工厂化现实可行

从现代科学技术条件和人类经济能力看，全面实现农牧业工厂化生产的条件已经具备。农牧业工厂是完全可以取代现有的耕地和牧场，生产出足够满足人类需要的，质量优良且无任何污染的粮食、蔬菜和肉类。

（一）现代科学技术已经为农牧业工厂化奠定了基础

相比于工业生产，现代科学技术在农牧业中的使用有限。而农牧业工厂化生产，基本还是一个全新的领域。这一领域包括各种物理、化学、动植物营养学、生物与遗传工程、自动化、计算机信息与互联网等方面的诸多科学技术，以及新材料、新工艺的集大成。从目前世界范围的科学与技术发展水平看，如果不考虑成本，是完全可以胜任并完成所有农牧业工厂化生产步骤的。但成本问题也确实是一个难以逾越的现实问题。由此决定了农牧业生产工厂化是一个长期的渐进过程。

所谓在长期目标下的逐步推进，就是先易后难，选择已有成熟经验的行业或者领域为突破口，进行工厂化规模生产，例如，畜禽养殖、菌菇养殖、蔬菜无土栽培、水产养殖等，逐步取得经验和技术成果，再向其他行业、领域扩展。在技术条件和经济条件许可的情况下，政府应鼓励和倡导成立工厂化生产的试验基地、示范基地，从养殖、蔬菜逐步向粮食作物发展，在取得经验的基础上，稳妥推进。

（二）人类已经具备了逐步过渡到农牧业工厂化的经济基础和管理经验

虽然人类目前的经济能力和精神能力都不具备承受全面工厂化生产农牧业产品的转型，甚至不可想象从神农氏以来开始的农耕文化从我们这一代开始消亡。然而，从人类社会迄今所积累的财富和管理经验看，开创并推进这一转型还是绰绰有余的。这一进程在开始阶段可能是缓慢的、渐进的；但当人类社会一旦认识到了农牧业工厂化生产的种种优势，加之人们又可以从这种转型中受益，那就可能会产生不可逆转的动力。而国家和政府彼时的工作可能是防止出现过热现象，设法减慢这一进程，以免因某些粮食、食品生产的无序造成短缺或者过剩引发社会、经济危机。

由于人类已经认识到了通过工厂化的革命可以获得丰厚的回报，那么人类就会提前利用这笔回报，用于支付工厂化革命的费用，就像购买期权一样。这种提前支付可以使用的形式会有许多，例如，政府通过发债或出售未来的土地和水资源，筹集资金用于工厂化建设；再如，用PPP模式建设农牧业工厂，用未来的土地和水资源的收益作为分期支付保障。此外还有众多的类似支付方式供人类选择，人类似乎在此项建设方面“不差钱”。

四、农牧产业园区

农牧业生产工厂化其实也是一种生产的园区化设计，只不过由于生产职能不同，与工业生产的园区并不雷同。由于人类社会目前还没有农牧业生产园区的经验，因此，只能是在立足于现有农牧业生产和工业园区经验的基础之上进行设想。

（1）农牧产业园区的规模和空间要大于工业园区。虽然是工厂化生产，但考虑到农作物和畜禽的生长周期较长，所需要的空间也要比工业生产大得多。由于工业化生产效率要比现行农牧业生产提高许多倍，效率与空间应成反比例关系，即工厂化生产的效率越高，所需的空间越小。因此，在未来的农牧业工厂化生产过程中，开始的空间相对要大一些，随着效率的提高，所需的空间会有逐步减少的趋势。

（2）农牧产业园区的产品与生产工艺、流程将更趋专业化，产品将更加完美无瑕。农牧业园区化将催生相应的专业科学技术群落，是现代农牧业科学技术与工厂化生产设备与生产技术的结合。与过去农牧业生产科技含量低的现象相反，未来的农牧业产业园区应该是集人类科学技术之大成所在。人类社会最高的、最密集的科学技术将在此落户并发展。因为农牧业产业园区要生产的产品，应该是结合了自然环境生长出来的农牧业产品的所有优良品质，并且避免了目前农牧业产品的所有污染和有害成分。生产的产品不但会保留现有的多样性，而且每一种都应是完美无瑕的。这种近乎完美的产品，不仅是保障人类健康的食物来源，也是其他行业的清洁原料来源。如果没有人类最高端的科学技术保障，是不可能实现上述目标的。

（3）农牧业产业园区应是一个微观的生态自循环系统。由于农牧业园区的产品侧重于种类不同，这种自循环系统不会是某种固定的模式，大多会因地制宜，并与市场需求联系。所谓的微观生态自循环，是与宏观上的地球或者某个地区的生态循环系统相对而言的。具体到某个农牧业产业园区的生态自循环系统是个什么模式，目前尚无任何已有的先例或者设计。如果根据现在的农业生态示范园区的形式推断，其完美模式应该是一个集种植、养殖，农牧林水一体化的封闭的生态循环系统。这个系统中，既要依靠最新科学技术的支持，又要严格遵循自然生态的规律行事。生态和循环系统应该尽可能通过系统中的生物多样性，达到相互利用和消化废弃物。例如，用所生产的部分粮食和作物的秸秆养殖畜禽，畜禽粪便加工后养殖水产品，水产养殖场的废液以及畜禽、水产品加工后下脚料用来制作沼气，沼气废液用来制作农家肥，农家肥再施用于农作物和蔬菜。以此循环，整个系统中除了补充一定的水、肥、微量元素和辅助材料外，尽可能多地利用自身的原料，自给自足。

（4）农牧业产业园区将催生一批辅助产业链。农牧业产业园区是一个前无古人的宏大事业，需要汇聚大量的辅助产业支撑，例如，有关的科学研究产业、通信与信息产业、设备制造产业、能源动力产业、材料供应产业、供给与维修产业、供销与运输产业等。这些产业本身就是高科技、新材料、新工艺的产物，其功能是足以保证农牧业产业园区正常运行和不断发展完善。

相比建立工业园区的革命，建立农牧业园区的阻力要小一些。原因有两个：其一是有节约土地和淡水资源的巨大优势，人们会看到其中的巨大商业利益而乐于投资；其二是相对落后的农牧业，过去的投资较少，因而不会像工业园区的建设那样使利益集团伤筋动骨。此外，相比宇宙探索、核聚变发电、石墨烯技术、分子机器人这些尖端科技，在农牧业园区化的建设中，除了生物基因技术、遥感自动控制技术等属于高科技之外，多数为现代常用的普通科学技术就可以实现。由此可见，建设农牧业产业园区，虽然规模巨大，但会比工业园区建设更顺畅一些。

第四节　蓝色生命

人类的长生不老之梦，已经做了数千年了，然而总是不达目标。既然不能长生不老，不得已退而求其次，尽可能延续生命，推迟死亡来临时间。于是人们在尝试使用各种精神、物质方法来干预疾病、治疗伤痛，从而形成了最早的医疗。之后精神治疗从医疗中分离出去，演化为信仰或迷信，那些具有某种治疗疾病功能的物质演化为药品。从此医疗成为人类生命与健康的保姆与卫士，随着医疗发达，人类平均寿命也在增长。

有论者认为，现代西方医学，建立在解剖学和化学实验基础之上，对人体器官的手术修补，用化学药物（包括抗生素类药物）对细菌与病毒的杀伤，是西医的主要治病手段。以中医为代表的东方医学（包括蒙医、藏医以及朝鲜、韩国、日本的汉医学），以草药和针灸为主要治疗方法，以经络学和易经哲学为理论依据，这种超常想象力和逻辑思维的医学理论不如直观的西医理论更易被人们普遍接受。人们随着对污染认识的深化，对现代医学界也开始反思：人们开始认识到，大量利用化学药物治疗疾病，其对细菌、真菌毒杀的同时，也会对人体正常生命细胞产生损害；利用手术切除或修复人体器官时，同时也对人体的完整或者健康造成永久不可逆转的损伤。西医治疗只是一种两害相权取其轻的举措。如果能从一开始就避免了疾病的发生，那将是一项釜底抽薪的措施。因此，现代医学理论开始从疾病的治疗逐步向疾病的预防转化，未来医学被描述为“使人不得病的医学”，而不是单纯的治病医学。这就是生命科学革命的主旨。

一些科学家甚至预言，在未来生命科学革命的护佑下，人类寿命也可以大幅度的延长，彼时出生的人，甚至可以在理论上做到长生不老。生命科学革命究竟有哪些神奇之处呢？从现有收集到的资料与信息综合，包括下列几个方面。

一、健康感应和监测

从人的食物、衣着、住房和出行每一个环节，都有健康监测，一旦有任何污染物质和致病物质对人体产生侵扰，或者有侵扰的危险性，都能及时报警，并提供防控方案。这样的报警与监控系统将服务于每个人，就像现在的无线通信系统全面覆盖一样。有了这样的系统，无论是国家或地区的医疗监控系统，还是每个被监测者本人，都会对于自己的身体状况和周边可能致病的环境因素等有适时和明确的了解，并可通过咨询系统得到下一步应对的指导和建议。就系统而言，一旦出现大规模的污染或者致病物质传播，系统也会自动作出反应，启动相应的预防和控制措施。

二、防治病一体化

吃药治病，这是人们的常识。但对于吃饭治病，还没有为多数人接受。现在人们流行的食用保健品，其实已经是介于药品和食品之间了。中国有句俗话，叫“药补不如食补”，对于食物的滋补或其用于治疗某些种类疾病，无论是民间还是中医，都有各种配方，也称偏方。传统的东方医学使用中草药，其原料主要来源于自然界中的植物、动物以及矿物质。虽然也有化学成分，但多是来源于大自然的物质，不同于化学方法制造的西药。中医界有句格言“是药三分毒”，可见中药也不是完全没有弊端的。中药毕竟还是药，其基本功能是治病，而不是充饥。未来医学所推动的具有疾病防控和治疗功能食品，应该兼有食品和药品功能，除了具有美味和营养成分外，还会暗含治病和防病功能。这种功能会通过高科技调节手段，因人因时而异，对每个人每次的餐饮都会制定不同的配方，进行不同的调整。

在现代生活中，人们已经开始认识到服装、用品以及生活空间对人体健康的影响了。未来医学需要产品具有预防和治疗疾病功能。特别是服装，除了具有保暖、美观外，还要具备个性化预防和治疗疾病的作用，包括对使用者个人的检测、预警、治疗等。对于住房、工作场所与公共设施，虽然无法提供个体化预防与治疗功能，但也会在预防损害公共健康事件，提供紧急救助方面发挥作用。在未来的社会，必然会是衣食住行与医疗保健一体化的社会。

三、化学药品退出

就医疗与生命科学革命而言，真正对于化学产品零污染有意义的，是以化学合成方法制造的药品退出医疗领域（包括含有化学毒性的中药等）。因为含化学成分的药品，从制作到使用的整个过程，都充满了化学品污染的危险。首先是现代制药厂的“三废”处理问题，一直是环保部门工作的难点，无论是排放的废气，还是废水、废渣，都含有大量的有毒化学物质。其次是化学药品本身，尽管制药企业的研发者还有使用药物的医者，都在力求在药物的毒性和人体可接受程度和最大效力的杀伤病灶之间寻找一种平衡。但化学药品本身对人体的毒害作用是无法回避的，因为医治疾病所需要的正是这种毒性。如果说制药企业的“三废”问题可以通过化学工业园区化的方式解决的话，那么药品本身对人体的毒害是目前的科学技术还无法改变的。我们不妨打开任何一个药品包装看看，在说明书上会列出一长串不良反应的症状，所谓的不良反应，其实就是中毒反应的代名词。由此可见，所谓的吃药治病（包括注射），其实是一种以毒攻毒的过程，只是由于人的生命力要强于细菌、真菌，因此杀死了致病菌类，人类的生命虽然不至于因为药物的使用而终结，且人类的新陈代谢能力也会不断修复药物造成的损害，但人类的健康会因为长期、过量地使用化学药物而受到慢性损伤，这种损伤可能是影响人类寿命的主要因素。

化学药品真正退出历史舞台之时就是使人不得病的医学获得成功之日。因为人类免受了细菌、真菌的感染，以杀死病菌为目标的化学药品也就自然没有了用武之地，一切的过渡也是水到渠成的。如果真有那么一天到来，传统的打针、吃药就会消失，困扰医疗行业的污染也就不复存在了。

四、高科技医疗

微创、无创手术，基因疗法，DNA 修补，细胞活力提升，抗衰老等医疗技术，以及克隆技术可能改变人类的延续方式。

现代医学的手术治疗正在向微创、无创发展，微型手术机器人，遥感手术技术等，正在改变传统的手术方法。为了防止因为手术创伤的感染，在手术愈合期大量使用抗生素和化学药物的历史也将改写。但在移植治疗中，为了处理排异，仍在大量使用化学药物，有的甚至需要长期服用。目前正在发展的克隆技术，以及 DNA 修补，细胞培养和治疗等技术，可能发展到利用自身细胞或者器官复制。这样通过细胞修复和再生，或者移植自身细胞克隆出来的器官，就无排异之忧了，从而解决了排异和移植器官来源两大难题。此外，通过细胞活力提升等抗衰老医疗技术的发展，使人类不受年龄增长影响而保持细胞新陈代谢活力，延缓衰老周期，延长人类寿命。

第五节 蓝色生活

人类生活环境，是除了工业园区、农牧业园区之外所有人类活动环境的总称，包括人类居住、工作、商务、医疗、教育、体育、娱乐、旅游等空间。所谓蓝色生活环境，主要是指改造现存的人类生活环境后，使之优美而无污染，既适合人类生存，又能达到温室气体的“零排放”和生活废弃物的“零污染”。

为达到上述目标，人类生活环境改造也需要通过园区化实现，即建设各种功能的人类生活园区。根据园区类型不同，在各类园区内建立严格的污染管理制度和有效的污染处理设施。像工业生产园区和农牧业生产园区一样，生活园区的围墙也是污染物的死亡线。然而，生活园区不同于工农业生产园区，不输出污染只是发挥了其功能的一半；其另一半功能就是保证生活，要建成生活与工作乐园，不仅要使人类在其中生活、工作和谐、快乐，还要前所未有的优美、舒适、便捷和时尚。

一、城市生活的尴尬

就现代社会人类城市生活环境而言，最令人尴尬的，还是废弃物的处理。城市废弃物主要有以下两类。其一是固态废弃物，即通常所称的垃圾。垃圾包括各种包装物，使用过的生活用品，厨房垃圾和废弃食品，废弃的家具、电器与衣物等。有的固态废弃物含有大量水分，各种成分混杂在一起。其二是液态废弃物（也称液体垃圾），即通常所说的生活污水。生活污水是通过城市下水系统排放的。生活污水包括人类排泄物、洗漱与洗涤废水（包括医院污水）等。垃圾和生活污水含有大量有机物、有毒化学物质和带菌物质（特别是医院垃圾和污水），伴有腐烂发臭。人类城市废弃物已经成为当代社会的公害，越是发达的地区，产生的越多，所需处理费用越大。处理垃圾和生活污水，也成了环保难题之一。

目前对于城市垃圾和生活污水的处理情况是：

对于固体垃圾，在发达国家，一般进行分类处理：首先由丢弃者根据垃圾的性状放入不同的垃圾箱，再由垃圾站进行细分类，之后分别送往废品回收站或者垃圾处理中心，大部分掩埋，也有部分用来燃烧发电。在落后国家和地区，通常是直接倾倒或者掩埋。对于生活污水的处理，全世界几乎都没有分类，在发达国家，通过污水处理工厂进行无害化处理，而在落后国家和地区，则直接排入江河湖海。

上述的处理方法存在的最大问题就是，人类废弃物的污染并未得到根治，在大多数情况下，只是将污染物转移出城市，由此造成周边地区的水体、土壤严重污染。尤其是发展中国家，城市不经处理转移污染的现象非常普遍，甚至有些大城市的贫民区，中、小城镇，本身也成了垃圾和污水容留地。城市垃圾量和污水量，与城市发达程度、城市规模和人口成正比例关系。越是发达社会，越是大城市，垃圾和污水处理压力就越大。而一些发展中国家，由于近年经济发展迅速，城市快速膨胀，城市化进度加快，其处理垃圾、污水能力赶不上，因此产生了更严重的污染。

二、从垃圾和污水开始

对于垃圾和生活污水的“零污染”处理，就要对生活环境从“零污染”角度，进行全面检讨和审视，进行园区化改造或者重建，使之在最大限度满足人类现代化生活和工作的前提下，杜绝一切形式污染和污染物排放。现有的城乡生活格局，是不能满足垃圾和生活污水“零污染”处理需求的。垃圾和生活污水的“零污染”处理，具体方法应该包括：

（一）对于固态垃圾分类、无害化处置以及回收

可以在现有园区内增设相应处理设施，增加处理人员。增加设施主要是增设垃圾细化分类和存储设备。例如，干垃圾与湿垃圾，纸质、塑料、金属、玻璃、废旧电器、旧家具、废电池、厨余垃圾等。园区住户应该首先将干垃圾和湿垃圾分类，并在湿垃圾腐败前送到园区的垃圾处理站。园区垃圾站应有人值班负责收垃圾，称重记录，并对干湿垃圾进行再分类，根据回收和处理的需要，可以分类为几十种甚至上百种。固体垃圾处理可以通过立法规定由园区物业管理机构实施，垃圾处理为有偿服务。同时物业公司还应该承担处理垃圾不作为的法律责任。为了鼓励住户的积极性，可以对干垃圾中的可回收物品作价，抵偿垃圾处理费用。而对于腐败的湿垃圾，可以加收处理费，这样也可以鞭策住户及时处理易腐败垃圾。

（二）对于生活污水处理

生活污水主要包括：一类是含人类排泄物的厕所污水，含有大量有机物、细菌；另一类是洗漱及厨房污水，含有大量的洗涤剂残留物以及油污、剩饭剩菜汤汁。此外还需要特别指出的是医院废水，含有更多的病菌、病毒和有毒化学物质。上述两类污水与其他城市表面污水、雨水一道无分别流入下水道，进入污水处理厂或者排入江河湖海。

对于生活污水的处理，需要对园区内现有的下水系统以及污水处理设施进行重新设计和改造。其一，“三水”排泄物污水、洗用污水和城市表面污水与雨水管道分离。即对入户的下水管道重新进行设计和改造，“三水”通过各自的管道排放，进入各自的处理系统。其二，“三

水”处理系统专设。园区收集到的3种污水，首先进行简单的预处理，例如，对排泄物污水进行消毒，对杂质进行过滤等。然后输送到专门污水处理工厂处理。根据3种污水的不同情况，进行不同的处理。对于排泄物污水，对其含有的有毒有害化学物质进行分离，对重金属进行回收，之后，还可以利用剩余的有机物生产沼气（沼气可以不用于燃烧，作为化工原料），再将沼气废液加工成农家肥，供给农牧业生产园区使用。对于洗用污水，可以将污物与有害化学物质分离，并回收残留的洗涤剂成分。回收的洗涤剂成分可以输送给洗涤剂生产企业做再生原料。对于城市表面污水与雨水的处理，相对要简单一些，过滤后可作为中水使用。专设后的“三水”处理系统，实际上又是农家肥、化工和洗涤的原料基地。处理后“三水”，还可以回输到生活园区，作绿化浇灌和冲洗厕所用水。其三，医疗系统污水的专门处理系统。由于医疗污水中含有大量细菌、病毒以及传染病源，因此对于医院排放的污水需要进行特殊处理，包括消毒灭菌、分离有毒化学物质、回收残留药物成分等，在上述问题处理完成后方可分类可进入污水处理系统。为此，就有必要建立专门的医疗与疗养业园区，除了有利于对医疗污水的专业化处理外，也可以有效控制疾病扩散、对患者进行更专业的生活服务。

三、环保产业园区

从工业革命迄今的200余年来，工业化生产制造了无数的产品，这些产品绝大部分已经不再使用成为废旧物，累积起来构成非常惊人的数量。这些废旧物品有的已被大自然吸收，有的被回收利用，但更多的却作为人类文明的副产品被遗留下来，成了历史遗留的垃圾。此外，现代社会每天所产生的垃圾和污水更是数量庞大，而且所含的有回收价值的成分，以及有毒有害成分更多。面对人类社会零污染的环保需求，面对工业日益原料短缺的现状，反而从另一个角度看，是一个全新的原料来源地。如何才能变废为宝，将垃圾和污水中的有用物质开发出来，并创造出经济效益，这也是人类面临的新挑战。只有将垃圾和污水处理纳入商业化轨道，才能巩固生活环境革命成果，使生活废弃物的处理不再是人类社会负担，而转化为生产活动需求。

处理废弃物的最后一道防线是建立相应环保产业园区，成为实现“零污染”目标终结者，同时提供必要的原料和资源。不仅使环保产业园区能够完成所设定的“零污染”目标，也为环保产业园区的运作提供了经济保障，通过再生原料的输出，获得相应经济回报，实现收支平衡。加之政府补贴，税收优惠，环保产业就可能盈利，实现商业化，进入良性循环。

环保产业园区的职能有二：其一是充当垃圾与污水的终结处理者，凡是现行工农业生产园区、人类生活园区没有能力处理的垃圾和污水，或者经过预处理有待于原料化的物质，都能在此得到无害化处理或者再生为原料；其二是充当历史遗留垃圾与污染清道夫，例如，堆积如山的煤矸石、尾矿、各种冶金、化工的废渣，以及被污染了的河湖海洋，城乡土地等。对于不宜搬运的垃圾与被污染物，可以就地建立园区或者专业工厂进行处理。

借助于政策和法律的保障，再生原料会被充分利用，回收的经济效益也有保障。再生原料从经济效益考虑，可能要小于矿产原料，加之研发和设备制造成本，与原生矿业相比，不具商业竞争力。但考虑环保和“零排放”的社会效益，总体利大于弊。为此有必要制定再生原料优先政策，在此政策的护佑下，通过政府征收碳税、排污费等进行经济杠杆调节，以及政府扶持或者补贴等措施，竞争的天平就会向再生原料倾斜。

应鼓励现有的原生采矿企业转产到再生资源行业，加入环保产业园区，利用采矿和原料生产方面专业技术优势，在废弃物质中提取再生原料。对国家来说这是一箭双雕之举，既解决了原生矿产的生产过剩与限产问题，又解决了再生资源企业起步难的问题。对于转产的原生矿业企业，应给予补贴和税收优惠。政府还应通过政策和法律手段，限制矿石工业原料，规定生产企业的原料采购，必须有一定比例再生原料，基本原则就是在保证产品质量情况下，最大限度地利用再生资源。原生矿产品和原料只起到补缺的作用。

第六节　蓝色生态

一、生态环境再平衡

农耕文化的发展、工业革命的兴起、科学技术的发达，导致世界人口大爆炸，激发了人类无限的享受欲望，人类不得不向地球母亲索取更多的资源，不得不去挤占其他生物的生存空间，加之不负责任的丢弃和排放各种污染物质，以及战争与饥荒的浩劫，地球母亲已经被蹂躏得破败不堪了。母亲确实累了，她需要休养生息了；人类应该清醒了，也应该为母亲做点什么了。

而如今这样的机会来了。创造这样机会的就是人类为治理污染而兴起的新工业革命、农牧业生产工厂化革命、医疗技术革命和生活环境革命。这些革命不仅会使污染与人类告别，还会使被人类挤占的大量土地和生存空间回归自然和生物界。这些回归的土地和生存空间需要进行修复，才能尽快恢复自然生态，也需要从维持地球生态平衡需要的角度进行合理的调整与规划，才能达到地球生态环境的再平衡。

（一）再平衡之目标

生态环境再平衡的目标，应该是将地球环境恢复到近代工业革命之前，或者是更早期的状态。生态环境再平衡，需要对已经破坏的地球环境进行修复，包括人为修复和自然修复两种情况。人为修复主要是针对自然环境破坏比较严重的区域。例如，关停的污染企业，被严重污染的农田和水体，以及拆迁后的污染城市等。这些区域的生态很难通过自然恢复，需要投入大量的人力、物力和资金进行修复。而对于一些环境污染不太严重的区域，可以采取封闭的办法，由大自然自我恢复生态平衡。

农牧业生产工业化实现后，将有大量土地被闲置。由于数百年的环境污染，现有的城市和居住地已经不能满足“零污染”生活需求了。因此，人类应该对此加以改造，或者在该土地上，选择最为合适的地域，建立起现代化的“零污染”生活园区。逐步取代现有的充满污染的生活环境。在完成生活园区改造的同时，应该对所有闲置的土地进行改造，恢复自然生态。

（二）再平衡之规划

生态环境再平衡还应包括对陆地和海洋的规划。这种规划的比例应该各占1/3。近水（沿江河湖海）和部分环境优美地区应该规划为人类活动区域；比较偏远和生态环境脆弱地区，应该规划为自然保护区，禁止人类进入，任由动植物在自然状态下繁衍生息。在人类活动区和自然生态保护区之间，应有广阔的中间地带，人与动物和谐相处。包括海洋在内，也应该划定不少于1/3的自然保护区，人类活动区域也不超过1/3，其他为中间缓冲区。虽然不可能控制鲨鱼之类的凶猛生物进入人类活动区域，但人类总会有办法与之和睦相处或者避免伤害的。

（三）再平衡之实施

在生态环境再平衡的目标与规划下，地球生态环境再平衡的实施要循序进行，要与能源、工业、农业、医疗以及环境的蓝色革命进程与时俱进。

（1）随着化石燃料被非温室气体能源替代，疯狂的化石能源开采将成为历史，化石能源作为珍贵的化工原料，其开采、使用方式也可能会更为环保、经济。或许化石原料不用经过传统的采矿、运输，而在地下就直接被转化成为初级的化工产品了。彼时遍布全球的油井、煤田将逐步消失，同步进行矿山修复、植被恢复，将会使地球的“伤疤”消退。之后随着核聚变发电、地热发电或太空发电取得成功，风能、太阳能、水能也由于成本和环保需求而逐步退出发电领域，风力发电场、太阳能发电场以及把江河变成梯级水库的水力发电站将被逐步淘汰。随着超导、无线、智能输变电的成功，遍布地球表面输电“蜘蛛网”也将消失。

（2）随着工农业生产园区化，工厂排放“三废”成为过去，农牧业占用的大片农田、牧场将回归自然状态，覆盖地球表面的农田、牧场将逐步消失。随着“零污染”实现，人类再也不用担心生活在污染之中了。随着医疗与生命科学的发展，人类彻底摆脱了疾病的困扰，健康而长寿。随着人类生活园区的改造和完善，人类的生活质量将彻底升华。

上述进程的完成，意味着地球母亲被彻底解放了。贴满母亲皮肤的膏药揭去了，捆绑母亲身体的绳索解开了，阻止母亲血脉流通的栓塞清除了，侵蚀母亲皮肤的蛀洞治愈了。地球母亲将会重新恢复到工业革命前的健康美丽。而地球母亲所养育的其他儿女们，即人类之外的其他动植物，将会成为这场地球生态再平衡的最大受益者，恶劣生存环境将会被彻底改观，回归到工业革命之前，或者更久远之前的状态。

二、人类蓝色发展

人类生态环境的再平衡，给人类蓝色发展奠定了基础。而人类蓝色发展，又是再平衡后地球生态环境稳定的保障。人类蓝色发展，包括人类文明观彻底改变，也包括人类在蓝色生态模式下创造性进化。

（一）文明观彻底改变

人类耗费了数百万年或者更长的时间，逐步从动物的属性中解脱，其观念形态也在不断蜕变。在现代社会中，科学技术的发展、生产力的提高、人类争端的解决也在战争之外有了多种的选择。然而被深深打上丛林规则烙印的人类文明观，仍然在现代人们的思维中挥之不去，成为民粹主义、单边主义、霸权主义的精神支柱，也成为军火商、战争承包商及其政治代言人的利益抓手。由于利益的驱动，与蓝色发展观相左的思维惯性仍有雄厚的社会基础。

人类要走蓝色发展的道路，就需要逾越几千年来形成的观念障碍，冲破现代社会利益链条阻挡。人类文明观念的改变，不可能一蹴而就，会是一个复杂渐进的过程，需要克服人类社会自身的阻力，战胜自我。

鉴于人类文明观被利益所绑架，为求改变，首先需要打开这一禁锢人类思想数千年的精神枷锁。此举除了人类主观努力外，还需要借助第四次工业革命。随着信息取代财富，利益存在形态发生了根本的变化。一旦利益锁链被解开，人类文明观就像武侠小说中被解开“穴道”的武士，立马恢复了强劲的功力。摆脱了利益束缚的人类文明观，将会毫不犹豫地抛弃一切寄生于利益之上的陈腐观念，包括但不限于丛林规则、零和博弈等，开创合作共赢，构建人类命运共同体的文明新理念。

（二）蓝色进化

人类迄今为止的进化模式，即创造进化，早在人类出现的初期，或者更早期就脱离了达尔文的“自然进化论”模式，是人类脱离了动物队伍，成为地球生态的主因。然而，如果简单回顾一下历史，就会发现从一群猿猴开始到创造进化为当今的人类，会付出多么沉重的代价！进入农耕文明1万年来，人类在挤占地球动植物的生存空间的同时，还疯狂地相互杀戮和侵占，所造成的毁灭和损失远高于疾病和自然灾害。工业文明300年来，历次工业革命的成果使战争和杀戮规模呈几何级数增长，人类在疯狂掠夺自然资源的同时，把污染带给世界，地球生态环境已经不堪重负，同时也反噬到了人类的健康和安全。虽然不能简单把上述生态灾难归咎于人类的创造进化的无序状态所引发，但上述的代价已经是现代人类承受的极限了。

人类的蓝色进化，以创造进化为基础和基本内容，但还不局限于亨利·柏格森构建的“创造进化论”模式，是对创造进化不足的弥补，也是在可控状态下创造进化的良性发展。

（1）修正创造进化的需求。人类需求是创造进化的动因，蓝色进化可以对人类的进化需要进行修正，例如，将人类需求扩大为地球生态链的共同需求，遏制利益和欲望引发的需求，调控可能导致污染和人类对抗的需求等。通过对进化需求的调整，使人类进化的无序状态得到纾解，影响进化的方向，引导进化向良性发展。

（2）智能干预。智能干预主要是指在进化的微观方面，利用人工智能进行调控，例如，根据人类社会、生态环境以及各方面的主体情况进行综合评估，就进化的速度、内容进行平衡、调整，使人类进化在可控状态下健康发展。

（3）与地球生态共进退。人类的蓝色进化并不仅是人类一家的创造进化，而是将进化扩展到整个地球生态领域。在人类绝对领先与主导地球生态的情况下，积极促进地球生态的整体、有序进化。人类并不阻碍或压制地球其他动植物也从自然进化脱颖而出，走上创造进化之路，而是乐见其成。人类可以利用自己的优势地位，帮助或者促成地球生态走上创造进化之路，并进行智能干预，平衡或者调整，保障其同步和良性，避免在进化中无序发展、进化主体间相互或其自我伤害。人类也只有在未来的进化中与地球生态共进退，才能保持与地球生态链的依从关系，避免因与自然界差距过大而导致地球生态链的脆弱或断裂。

三、蓝色生态共同体

在人类告别采摘，进入农耕社会，登上了地球数十亿年自然进化形成的食物链顶端之后，逐步脱离了自然食物链，创造和完善了与动物界不同的食物系统，包括生产、加工、烹饪。其食材也由自然采集转向主要由人类自己通过种植、养殖收获。于是乎，人类在不经意间创造和完善了一个独立于地球生态系统，与地球自然生态系统并存，且有千丝万缕联系的全新的生态系统。我们姑且将其称之为人际生态系统（农牧业生产系统）。人际生态系统随着人类生存需求与欲望的增加不断添加新的内容，不断发展壮大。更有甚者，日益强大的人际生态系统不断挤占着自然生态系统的空间和资源。自然生态系统在人际生态系统的碾压下日渐脆弱，不断坍缩。

进入工业化社会以来，无孔不入的污染与强势的人际生态系统叠加，已经将自然生态系统逼迫到濒临崩溃的边缘。让人类始料不及的是，当前的物种灭绝、荒漠化、厄尔尼诺现象等，不但造成了一系列地球生态灾难，也对人际生态系统产生强烈的反噬，成为人类新的噩梦。

地球生态的蓝色发展，就是对人际生态系统和自然生态系统的发展进行协调，化解发展中的对立关系，培育发展中的互补关系。其实人类与大自然之间也存在着“合作共赢”。

（一）生态多样性延续

人际生态系统脱胎于自然生态系统，但二者本质上是相互依存的互补关系，而回归和保持这种关系，其主动的方面在人类，其得益方也是人类。面对农耕社会以来人际生态系统迅猛地发展、扩张，地球自然生态系统似乎毫无准备就被冲击得七零八落。数十亿年形成的，甚至经历了5次生态灭绝的考验的地球生态系统，面临着堪比生态大灭绝的一般的严峻危机。而化解这一危机的唯一途径就是寄希望于人类觉醒，因为人类终于认识到保护地球生态、延续物种多样性的意义：不仅仅是为了得到一个色彩缤纷的美丽世界，也是保护人类自身繁衍生息的需要。

地球生态多样性维护，并不是要打破自然界适者生存的法则，具体保护或延续某一种或者一类物种不被淘汰，而是为自然生态提供良好的生存环境和发展条件。多样性的物种群落，在此环境和条件下遵循自然的规律发展、生息，适者生存。除非出于弥补人类的过错的需要，不会人为地干预自然状态下某些物种的繁衍，也不会去阻止自然状态下某些物种的淘汰。

（二）地球生物共同进化

人类已经认识到：不仅人类是一个命运共同体，地球生态也是一个命运共同体。故在进化的道路上，人类应该与地球生态同进退。鉴于目前人类在进化的道路上一骑绝尘，把自然生态界甩下不止一个街区的情况，人类应该利用自己的优势，采取相应的措施，缩小与生态界的进化差距。当然人类采取的措施，不应以放慢自己的进化速度为代价，也不应违背自然规律“揠苗助长”。人类应该排除地球生态在进化道路上的障碍和阻力（主要是来自人类自己），创造一个在自然状态下的良好进化环境。同时人类也应该避免从一个极端跳到另一个极端，对地球生态的过度呵护，违背大自然的规律。

从地球生态共同体的理念出发，从人类自身的利益考虑，地球生态进化应该形成一个阶梯。由于差距过大，这个阶梯不应包括人类，而是在人类的维护下形成。阶梯依动物和植物排列，进化的模式仍以自然进化为主，对于智力较高的动物来说，人类并不介意其创造进化，或者两种模式混合进化。地球生态的多样化，也应包括其进化模式的多样化。

人类创造与地球生态共同进化，一个绕不开的问题就是这可能引起人际生态系统与自然生态系统的对立。如果某些动物在人类的帮助下，通过创造进化拥有了相当的智慧和能力，它们还会认可人类食、用它们的同类吗？这一看似无解的难题，其实放在进化的时空中并不是问题。因为地球生态进化是一个缓慢的过程，而人类进化的速度始终都会领先。当地球生态界的某些成员进化到不愿受人类宰割的时候，彼时或许人类已经“不食人间烟火”了，或者人类吃穿用度的已经不是以动植物为原料了，而是更为美味、清洁、卫生的人工合成材料。

（三）守护蓝色生态

地球恢复蓝色生态，着实不易，或许要经过百年或者更长的时间，付出数代人的努力。然而，在地球恢复到蓝色生态状态后，可能还会有多种不稳定和破坏因素，影响地球蓝色生态的安全。为此，彼时人类的另一项主要工作就是守护地球的蓝色生态。地球的蓝色生态，是人类蓝色文明的一部分。因为破坏地球生态的始作俑者是人类自身，故人类蓝色文明观的稳定和不受干扰，就是对地球蓝色生态的最好保护。

通过对地球生态环境的再平衡，地球的野生动植物的生存环境将会得到巨大的改善。动植物有了自己的活动区域，加之受人类创造进化的影响，一些动物的进化很可能“剑走偏锋”，犯人类进化中类似的错误，这可能会对蓝色生态产生干扰。

未来对蓝色生态构成威胁的，一是来自人类内部的观念形态，二是来自动物界的无序进化。守护地球的蓝色生态，首先需要维护蓝色文明观的稳定，促进未来蓝色社会的和谐发展；其次要保护地球生态进化的有序进行。虽然对于未来社会的许多方面的变故，人类还不能预测，更无法确定如何应对。但人类守护蓝色生态的初衷不会改变。彼时的人类，真正担当起了上帝的角色，上帝创造亚当、夏娃的目的实现了。

本章结语

出于防止气候变暖的初衷开展的新能源革命，不曾想也纠正了人类的另一个错误，那就是燃烧化石能源造成的巨大浪费。化石能源作为现代有机化工不可替代的原料，相比作为燃料使用，具有数十倍甚至数百倍的经济价值，且为地球不可再生的资源。在工业化以来的几百年就几乎将其使用殆尽，实为愚昧之举，犹如原始人为开垦荒地烧毁原始森林一般。用蓝色能源全面替代化石能源，不仅避免了气候灾难，也使这一宝贵资源得以保存。

地球回归蓝色，意味着人类的觉醒和成熟，也意味着人类有能力摒弃战争和根治污染，彻底战胜了自我。人类在转变了数千年形成的文明观后，停止了对地球生态的破坏和掠夺，转而进行抢救和补偿。于是我们看到：人类启动了旨在防止地球温室效应的低碳生活计划，制定了碳达峰、碳中和的减排目标。一场替代化石能源的蓝色能源革命正在悄然展开。人类正在改变以污染为代价的传统工农业生产模式，以园区化生产为主干的蓝色工业、蓝色农业，不仅杜绝了污染，也可腾退出大量的土地、水域，节约淡水资源，将更多的生存空间还给自然生态界。随着蓝色健康和医疗的推进，人类将抛弃以毒攻毒的化学药品医疗模式，医疗、健康保护模式也在高科技的护佑下彻底改变，由被动的治疗疾病到主动的防御疾病，而且在未来有了选择生命的延续形式和身体物质形式的自由。随着生活环境的蓝色革命，人类的居住和生活圈也彻底改变，生活区的垃圾和废弃物变成了再生的资源。人类在享受蓝色文明带来的泽惠的时候，地球生态也在进行着蓝色的蜕变，地球生态环境经过再平衡，与人类的蓝色发展同步，不仅保持着自己的多样性的发展进化，也与人类的发展进化共进退，人类与地球生态共同体正在形成。